KB135119

대구에서 만난 사람들

김 영 원 _{지음}

한국학술정보㈜

대구에서 만난 사람들

김영원

이 책은 "대구경북 연구원의 지원을 받아 집필 했음"을 밝혀 둡니다.

한국학술정보㈜

책머리에

비행기 삯을 싸게 한다고 선택한 항공사가 싱가폴에어라인이었다. 자리도 좁고 음식도 입에 맞지 않아 빈속으로 열 몇 시간을 버티다 인천공항에 밤 열 시경에 도착한 건 운이 좋은 편이었다. 조금만 늦었어도 대구로 가는 리무진버스를 놓치는 거였다. 가방 13개를 들고 세 식구가 친척집을 간다는 것도 낯선 호텔을 찾아간다는 것도 도무지 번거롭게만 여겨졌다.

간신히 대구행 야간 리무진버스를 타고는 안도의 숨을 내쉬었다. 졸다가 깨다가 새벽 세시 넘어 대구 시내 한복판에 내렸다. 가방 13개와 함께 세 식구는 오도카니 대구 한복판에 남겨졌다. 드디어 대구 생활이 시작된 것이다.

십삼 년의 긴 이국생활 끝에 정착한 곳이 어머니의 고향이라는 것이 신기했다. 그저 한번 스쳐지나 갔던 낯선 도시에서 새로운 생활을 시작하는 것은 도전이자 모험이었다. 하지만 그래도 고국이었기에 이국생활에서 만큼의 긴장감은 없었다. 아무리 안정을 하고 자리가 잡혀도 외국은 외국이었다. 그래서였을까, 남의 말을 열심히 들었고 사람에 대해서 관심이 많았다. 낯선 곳에서 낯선 사람을 만나 그들을 이해해야 그곳에서 살 수 있기 때문이었다. 그 경험으로 대구에 도착한 첫날부터 만나는 모든 사람에 대해 살폈다. 그들의 말투, 표정, 행동이 다 관심의 대상이었다.

도착한 첫날 빨간 캐시밀론 담요가 있었던 관광호텔, 목욕 갔던 찜질방, 다음날 아침을 먹었던 24시간 하는 콩나물 국밥집 등은 정말 십삼 년 만에 해보는 신기한 경험이었다. 다음날 만났던 택시기사 아저씨, 가구를 사느라 만났던 가구점 주인 사장님, 전자기구상 사장님 등등이 도착한 다음날부터 며칠 사이에 우리 가족이 만난 사람들이었고 그들은 정말 고마운 사람들이었다.

그 밖에도 아파트 앞에서 시장을 다녀오다 만나는 손에 떡볶이 컵을 소중하게 감싸고 입에는 오물오물 떡볶이를 씹으면서도 고개를 꾸벅 숙이고 "안녕하세요."를 외치던 이웃사촌 꼬마, 시장 채소가게에서 열심히 채소를 다듬으면서도 나물조리법을 설명하시던 채소가게 할머니, 눈은 늘 텔레비전에 가 있었던 시장 그릇가게 아저씨, 찬바람 부는 거리에서 차가운 밥에 커다란 김치를 얹어 우적우적 씹으며 옆 가게 할머니와 담소를 즐기던 난전 할머니 등, 일이 있거나 아니면 그냥 스쳐 지나가다 만난 사람들이 다 내 호기심의 대상이었고 관찰의 대상이었다. 하루하루를 살아내는 그들의 고민은, 그들의 가족은, 그들의 생활은 어떤 것일까 모두 내가 알고 싶은 것들이었다.

유난히 시장이 많은 대구는 탐색할 곳이 많은 곳이었다. 집에서 버스를 타고 가는 곳마다 안내 방송에 시장이라는 말이 많이 나왔다. 동네시장 다음으로 알게 된 서문시장은 섬유산업의 메카인 대구를 알릴 만한 패션의 선두주자였다. 그해 유행을 보려면 백화점에 가는 것보다도 서문시장 옷 가게를 둘러 보는 게 빠를 정도로 패션에 민감했다. 가구를 사려면 칠성시장에 가야 한다거나 막창은 어느 시장골목이 맛있다고 할 정도로 시장에 관해서는 대구 경북지역은 타의 추종을 불허할 것이다. 그런 시장에서도 사람을 만났다.

아이를 교육시키는 것이 절체절명의 과제였던 나에게 대구의 교육여건은 어느 도시보다도 탁월했다. 교육청 지원이 그러 했고, 그 지원을 바탕으로 원활하게 활동하는 선생님, 그에 못지 않은 학부모들의 열의 등이 대구를 교육도시로 확고히 하는 데 일조했다고 말하고 싶다.

관광지라고 알려진 곳을 그리 많이 가보지는 못했다. 어쩌다 시간이 나서 가본 곳들, 그곳에서도 사람들을 만났다. 갓바위에서 치성을 드리느라 정신없던 할머니와 아주머니들, 넓고 평화로웠던 동화사에서 기와불사를 하던 사람들, 포항 해맞이 공원에서 관객도 없는데 공연을 하던 악단, 쓰레기를 매립해서 수목원을 만든 사람들, 고등학교 수학여행이후 몇십 년 만에 가본 경주 불국사, 어린 시절을 생각하게 했던 비슬산 빨간 마후라의 주인공이 있던 공원 등에서도 사람들을 만났다.

그렇게 만난 사람들을 통해서 대구 경북지역을 이해하고, 애정을 갖게 되고, 대구에 사는 하루하루가 새로운 만남을 통해 설레는 날들이 되는 그런 생활을 하고 싶었다. 타성에 젖은 어제, 오늘이 아니고 사람을 통해서 충만한 그런 삶을 살고 싶었다. 그래서 대구에서 만난 모든 사람들이 내 삶에 소중한 사람들이 되기를 기원했다. 하지만 항상 뜻대로 되는 것만은 아니었다. 때로는 상처를 받기도, 상처를 주기도 했다. 그들은 대구에서 내가 만난 사람들이고 애증이 교차되는 상대였지만 대구 경북지역을 구성하는 소중한 사람들이었다.

그런 사람들 이야기를 하고 싶었다. 나에게 그런 각별한 경험을 하게 해준 그들 모두가 나에게는 너무나 고마운 사람들이었다. 그들 모두에게 감사의 인사를 전하고 싶다.

그리고 무엇보다도 대구라는 도시를 태어나서 처음 알게 해주시고 이 글을 쓰는 동안 많은 격려를 해주신 고향이 대구인 친정어머니에게 감사를 드린다.

이 책은 "대구경북연구원의 지원을 받아 집필했음"을 밝혀둔다.

목 차

I. 인연

1 어머니의 고향

1926년 어머니는 대구에서 태어났다. 어머니의 흐릿해진 기억에 따르면 외할아버지는 대구 토박이는 아니었던 모양이다. 대구 인근 시골에서 대구로 나와 당시 신기술이던 양복기술로 사업에 성공하셨다. 외할머니는 경남 거창출신으로 외할아버지가 일 때문에 거창에 갔다가 첫눈에 반해 결혼했다고 하니 외할아버지는 당시로는 상당히 시대를 앞서나가신 분이었나 보다.

"우리 형제 중에 누구도 엄마 미모를 안 닮았어. 엄마는 참 예뻤는데 몸매도 예쁘고. 아버지는 나이가 들어서도 엄마에게 새 옷을 사다 입히고는 이리 돌아봐라, 저리 돌아봐라 할 정도로 엄마를 귀히 여겼었지……" 하시면서 자신의 어머니를 그리워하셨다. 어머니는 4남 4녀의 넷째로 딸로는 둘째 딸이었다. 외할아버지가 당대에 드물게 첫눈에 반해 결혼할 만큼 할머니의 미모는 출중했던 모양이었다. 빛바랜 사진 속의 외할머니는 그저 내 눈에는 순박하고 단아한 할머니로만 보였다.

외할아버지의 사업이 번창했던 탓인지 어머

니 어렸을 적 집안에는 늘 사람들로 북적였다고 한다. 도시로 나가 공부하라고 친척들이 보낸 자녀들과 시골서 밥 먹고 살기 힘들어 밥이나 먹여 주라고 보낸 사람들로 넓은 집에는 늘 사람들이 많았다. 그래서 어머니는 나이가 들어서까지도 자랄 때 같이 자라서 그런지 다른 집과는 달리 사촌 형제들과 친형제처럼 돈독한 관계를 유지했다.

어머니가 태어나고 자란 집은 대구시 중구 봉산동이었다. 어릴 적 어머니가 이모들과 모여 이야기할 때면 봉산동이라는 단어가 한 번씩은 나왔다. 그래서 내게 있어 봉산동은 무척 친근한 동네로 느껴졌다. 봉산동 집과 더불어 어머니의 할머니, 내게 증조할머니가 살던 집은 남산동에 있었다. 식구가 많아서 그랬는지 사업장과 가까워 번잡스러워 그랬는지 어머니 기억에 언젠가부터 증조할머니와 큰외삼촌, 큰이모는 남산동에 살게 되었고 주말이면 어머니와 동생들인 외삼촌, 이모들이 할머니 집을 방문해 주말을 지냈다. 당시 시내였던 봉산동과 달리 남산동은 시골에 가까웠고 유난히 겁이 많았던 어머니에게 밤에 화장실을 가는 일은 대단한 모험이었다.

그래도 번잡하던 봉산동 집과 달리 남산동 할머니 집은 훨씬 집이 넓고 큰 나무와 숲이 어우러져 어머니에게 놀거리를 많이 제공했고 할머니가 챙겨 주시는 감이며 이런 저런 주전부리 덕에 주말 할머니 집 나들이는 기다려지는 특별한 행사였다.

태어날 때부터 유난히 병약했던 어머니는 늘 할아버지, 할머니에게는 깨져버릴 것 같은 꽃병과 같은 존재였다. 태어나서 백일도 지나지 않아 갈비뼈 하나를 잘라 내는 수술을 하고 그 후로도 결혼하기까지 몸 이곳저곳 돌아가며 병치레를 하는 덕에 형제 중에 유독 할아버지와 할머니의 과보호를 받았다. 다른 형제들과 달리 늘 할머니가 옆에서 보살펴주시는 것은 좋았으나 그 만큼의 자유도 없었다.

허약함 탓에 집밖에 마음대로 나다닐 수 없었던 어머니가 어린 시절 기억하는 유별난 장소는 달성공원이었다. 일제 강점기였던 당시 달성공원은 신사참배를 하는 곳이었고 툭하면 어린 초등학생들을 차출해 청소를 시키던 곳이었다. 어머니는 달성공원 청소하기가 너무 싫었다고 했다. 어린 나이에 넓은 공원에 남겨져 친구들과 청소를 하다보면 꾀가 나서 나무 사이로 몰래 숨어들었다가 빠져 나와 공원을 헤매고 다니며 놀았던 기억은 어머니에게는 대단한 일탈이었다.

그 후로 장성해서는 여식은 밖으로 돌아다니면 안 된다는 강한 신념을 가지신 할아버지에게 들키지 않게 외삼촌과 미리 약속해 놓고 친구들과 밤나들이로 가곤 했던 대구역 주변에 있었던 극장이 어머니에게 기억나는 곳이었다.

경북 영천출신인 아버지는 동종 업종에 종사하는 외할아버지의 눈에 들어 어머니와 결혼을 했다. 아버지와 결혼 후에는 자유롭게 밤 나들이를 할 수 있었지만 이제 어머니 기억 속에 남아있는 장소는 아버지와 자주 가던 국제극장과 대구극장, 동촌유원지가 전부이다. 아버지는 유난히 소설책을 좋아하셨는데 당신이 좋아하던 소설이 영화화 되면 빠짐없이 보러 갔다. 그 덕에 어머니는 당시 개봉한 영화를 맘껏 볼 수 있었고 비로소 대구 시내 밤거리를 마음 놓고 활보하며 외식도 하였다. 첫 아이인 내게 큰오빠가 태어나자 휴일이면 아버지 어머니가 즐겨 찾았던 곳이 동촌유원지였다. 지금처럼 놀이 시설이 있는 건 아니지만 강이 흐르고 탁 트여 아이와 함께 하면 마음이 푸근해져서 시간이 날 때마다 가는 곳이었다고 한다.

그 후 아이를 둘까지 낳고는 아버지가 결행한 서울행으로 어머니는 대구를 떠나왔다. 그때가 어머니 나이 스물 셋이었다고 하니 1949년이었나 보다. 낯설고 물선 서울에서 시장에 가면 어머니의 사투리를 듣고는 수군거리던 서울사람들은 어머니 눈에는 한없이 깍쟁이 같고 쌀쌀맞은 사람들이었다.

대구를 떠나온 지 거의 60년이 지난 지금도 어머니가 이야기를 하는 걸 들으면 사투리를 잘 아는 사람들은 단번에 어머니의 고향을 알아맞혔다. 아무리 세월이 바뀌어도 어머니의 사투리 억양은 그대로이다.

그 후로 어머니는 6.25전쟁 때 아버지가 군에 가시고 아이 셋을 데리고 대구로 귀향해 전쟁시절을 겪고는 다시 서울로 돌아갔다.

전쟁시절 대구에서 어머니가 흑인 때문에 놀랐던 일은 나중에 자식들 때문에 해외에 나가 흑인을 만날 때마다 이야기 하곤 했다. 전쟁 중에도 어머니 친정에서는 제사를 지냈다. 아버지는 군대에 나가 없고 아이들을 데리고 친정에 피난 왔던 어머니는 어느 날 제사를 지내고 밥을 먹다가 깜깜한 마당에서 하얀 눈동자와 치아가 반짝거리는 걸 발견했단다. 놀란 어머니는 친정오빠에게 소리를 지르며 알렸고 놀란 외삼촌이 제사지내느라 열린 대문으로 들어온 흑인들에게 다가 갔다. 그 사이 어머니와 외숙모들은 재빨리 광으로 숨는 촌극이 벌어졌었다. 당시는 미군들이 참전했던 때라 대구에 처음으로 미군 더구나 흑인 군인들이 돌아 다녔고 그들이 여자들만 보면 나쁜 짓을 한다는 소문이 횡행할 때였다.

한밤중에 대문이 열려 있고 한복 입은 여자들이 끼여 앉아 밥을 먹는 걸 보고 아마도 요릿집으로 착각을 했던 모양이었다. 외삼촌의 회유로 그들은 간신히 돌아가고 어머니와 외숙모들은 광에서 오들오들 떨다가 나올 정도로 당시 대구에서 처음으로 흑인을 본 기억은 어머니 뇌리에 지워지지 않고 있다.

대구에 정착한 2007년 4월 어머니와 언니가 우리 집에 왔다. 전혀 대구 지리를 몰라 네비게이션만 믿고 운전하는 내 차에서 어머니는 대구 시내를 바라보며 "이제는 어디가 어딘지 하나도 모르겠다. 내 어릴 적 대구의 모습은 하나도 없구나."하며 낯설어 하셨다. 물론 어머니는 서울로 이사한 후에도 대구에 살았던 친척들 때문에 몇 번 방문하고는 했다. 그러나 그 후 그들마저 대구에서 뿔뿔이 흩어지자 근 20년 동안은 방문한 적이 없어 그랬는지 아니면 어머니가 너무 나이가 들어 이제는 아주 기억이 흐릿해져 버린 건지 어머니는 대구를 무척 낯설어 하셨다.

2 외가 집 식구들

　　어머니 형제 중 맏이였던 큰외삼촌은 경북의
대 소아과를 졸업하셨다. 외할아버지에게 있어
큰 아들은 자랑스럽고 믿음직한 아들이었다. 외
할아버지는 큰 외삼촌이 대학을 졸업하고 서울
에 있는 병원에 취직하였다가 대구로 돌아오던
날이 외할아버지 인생에 있어 가장 행복한 날이
었다고 어머니 형제들에게 말씀하셨다고 한다.
당시 일제 강점기라 대구역에 도착한 큰외삼촌
은 일본 군인과 대구지역을 관할하던 일본 기관
장들의 융숭한 환대를 받으며 귀향을 하였다. 어
머니는 정확히 기억을 하지 못하지만 아마도 서
울에서의 의술이 알려져 대구에 특별히 모셔왔
던 것 같다. 어머니 말에 따르면 대구에 돌아와
잠시 경북대 병원에 계시다가 곧 개업을 하셨다
고 한다.

　　외할아버지가 마련해준 개인병원에는 환자가
넘쳐서 입원실이 모자라 병원에 딸린 살림집까
지 환자를 받아야 할 정도였다. 많은 환자 중 당
시 대구지역을 장악한 일본 군인이나 기관장들
의 아이들이 있었다. 그 아이들이 치료를 받아 회
복하면 일본 사람들이 당시 일반사람들은 구할

수 없는 신기한 화과자며 비싼 과일들을 선물로 가져왔다. 그 덕에 어릴 적 어머니도 입이 심심하지 않게 지냈다고 할 정도였다.

그렇게 환자 돌보느라 무리를 하던 큰 외삼촌은 정작 자신의 건강을 돌보지 않아 젊은 나이에 폐병으로 돌아가셨다. 그렇게 아들을 잃고 난 외할아버지는 큰 외삼촌이 돌아가신 후 그 어떤 것에도 애착이나 의욕을 보이지 않으시더니 이듬해 위암으로 돌아가셨다. 그때부터 가세가 기울기 시작했고 그 무렵 어머니는 이미 서울로 이주를 했었다.

그렇게 외할아버지가 돌아가시고 둘째 외삼촌도 갑작스런 병으로 사망하자 일본유학길에 올랐던 셋째 외삼촌은 대구로 돌아올 수밖에 없었다. 그때 이미 결혼했던 큰 이모와 어머니를 제외하고 외할아버지가 남기신 사업체와 외할아버지 덕에 세상 어려움을 전혀 모르던 외할머니와 두 이모와 셋째 외삼촌, 막내 외삼촌만이 덩그렇게 남고 말았다.

당시 여고를 졸업한 이모들은 대학진학은 꿈도 꾸지 못하고 은행에 취직을 했다. 그러다 둘째 이모가 먼저 결혼을 했다. 둘째 이모의 결혼 전에 이미 노환이 발병하셨던 외할머니가 쓸쓸히 돌아가시자 셋째 외삼촌은 이미 기울대로 기운 가산을 정리해서 서울로 이사를 하셨다. 셋째 외삼촌을 따라 막내 이모와 막내 외삼촌, 결혼한 큰 이모까지 전부 서울로 이사를 하였다.

결혼해 서울에 자리를 잡은 자식들을 따라 서울로 이사하기까지 둘째 이모가 제일 오랫동안 대구에 살았다. 서울로 이사하기까지 근 50년을 대구에서 사셨나 보다.

둘째 이모부는 대구의 상당한 재력가였다. 형제가 많아서 늘 쪼들렸던 어릴 적 우리 형제에게 대구 이모라 불렸던 둘째 이모는 산타할아버지 같은 존재였다. 대구 이모가 서울에 다니러 오는 날은 맛있는 음식에 두둑한 용돈까지 챙길 수 있는 유일한 기회였다.

그래서였을까 어려서 내가 접한 대구라는 도시는 억센 사투리를 사용하는 사람들이 사는 상당한 부유한 도시라는 느낌을 주는 곳이었다.

대학시절 여름방학에 어머니와 함께 이모를 방문했었다. 내 유년시절 이후로 웬일인지 대구 이모는 서울을 방문하는 일이 뜸했고 더구나 이종사촌 형제들을 만날 기회는 거의 없었다. 여름방학에 어머니와 함께 처음 방문했던 이모의 집은 시내 한복판에 있었다. 제법 커다란 주택이었는데 그 곳은 중앙로 어디였던 것 같다.

어색한 이종형제들과의 해후 이후 당시 대학생이었던 이종언니와 함께 갔던 백화점이나 카페 등등은 이모 집에서 과히 멀지 않은 곳이었다.

더운 한여름에 어색한 사이였던 이종언니와 돌아다니느라 더 덥게만 느껴졌던 대구는 당시 내게는 무척 덥고 낯선 도시였다. 그 방학 3일 이후 별 다른 이유 없이 미국에서 대구로 돌아올 때까지 단 한 번도 대구라는 도시를 방문한 적이 없었다.

Ⅱ. 정착기에 만난 사람들

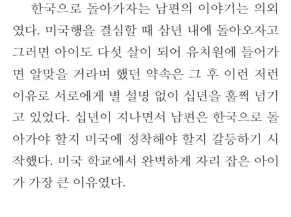

1 호텔
이야기

　　한국으로 돌아가자는 남편의 이야기는 의외였다. 미국행을 결심할 때 삼년 내에 돌아오자고 그러면 아이도 다섯 살이 되어 유치원에 들어가면 알맞을 거라며 했던 약속은 그 후 이런 저런 이유로 서로에게 별 설명 없이 십년을 훌쩍 넘기고 있었다. 십년이 지나면서 남편은 한국으로 돌아가야 할지 미국에 정착해야 할지 갈등하기 시작했다. 미국 학교에서 완벽하게 자리 잡은 아이가 가장 큰 이유였다.

　　미국에 도착 후 운 좋게 한글학교 선생으로 일했던 경험은 나에게 뿐 아니라 아이에게도 정말 소중한 교훈을 주었다. 미국을 떠날 때 두 살 반이었던 아이의 교육에 대해 그때까지 남편이나 나는 한 번도 진지하게 생각해 본적이 없었다. 한글학교 선생으로 아이들을 가르치면서 미국에 체류하는 기간이 얼마이든 한글교육이 아이의 미래에 얼마나 중요한가를 깨달았다. 당시 내가 가르치던 아이들은 초등학교 2~3학년이었다. 아이들은 부모와 같이 지내는 시간이 많을 때는 한국말을 알아듣기는 했다. 하지만 학교에서 지내는 시간이 늘어날수록 점점 한국말을 잊어갔고

알아듣기는 해도 말을 하지는 못했다. 그래서 억지로 시키면 짜증을 냈다. 그 아이들을 가르치자면 억지로 주입시키는 것 보다 그 아이들에게 당시 가장 관심 있는 주제에 맞추어 놀이처럼 가르쳐야만 했다.

아이들을 가르치기 시작하고 얼마 지나서 교장 선생님이 우리 반에 대학생 아이를 데리고 왔다. 기초가 전혀 없어 우리 반에 넣었으면 한다며 잘 부탁한다고 했다. 배우고 싶은 간절함을 그 아이에게 느낄 수 있었다. 교실 한편에 따로 두고 자모음과 간단한 단어부터 가르쳤다. 하지만 몇 주 지나지 않아 나오지 않았다. 아마도 너무 어린 아이들과 같이 지내야 하는 불편함과 단순 반복적인 기초 공부가 지루했던 모양이다. 그 아이를 보면서 미국에 체류하는 기간이 아무리 짧아도 꼭 아이에게 한글을 가르쳐야 겠다는 생각을 하게 되었다.

그렇게 일이 년이 지나고 다른 도시로 이사를 가면서 한글학교와도 멀어지고 아이에 대해서도 그저 미국학교에 적응하면 그만이라고 무심해졌었다. 그렇게 시간이 흐르자 아이는 점점 영어에 익숙해졌다. 처음에는 영어가 더 능숙해지는 애가 신기해 아이와 영어로 대화를 하곤 했지만 얼마 지나지 않아서 아이는 알아듣기는 하는데 한국말을 전혀 하지 않으려고 하고 억지로 시키면 짜증을 내기 시작했다. 그때 불쑥 내가 가르쳤던 한글학교 아이들이 생각났다. 그때부터 집에서 한글을 가르치기 시작했다. 수많은 난관과 장애가 있었지만 아이는 점점 성장해 가면서 어려움을 극복하고 하루에 적어도 삼십 분은 엄마와 한글공부 또는 한국교과서로 공부하는 것을 일과로 받아들이게 되었다.

그렇지만 아무리 그래도 미국학교에서의 생활이 길어 아이는 미국학교에서 공부, 운동, 학생회활동, 특별활동 등으로 바빴다. 아무래도 고등학교 가기까지는 부모가 모든 활동을 돌봐주어야 하는 미국에서 아이의 바쁜 스케줄 때문에 나 역시 그러했다.

학교에 다녀오면서 운동 팀 연습이 있다거나 클래식 기타 레슨이 있을 때 주말 경시대회가 있거나 팀 시합이 있는 날이면 아이를 태우고 차를 몰고 몇 시간씩이라도 달려가야만 했다. 그렇게 적응하는 아이에게 비록 집에서 가르쳐 한글과 한국교육에 어느 정도 단련이 되어 있다고는 해도 한국으로 돌아간다는 말을 하는 것이 쉽지 않았다. 거기다 남편도 당시 미국 직장에서 어느 정도 익숙해질 무렵이었다.

그동안 서로 이야기를 꺼려했던 미국에서의 정착에 대해 조심스럽게 이야기하기 시작했다. 아이가 중학교를 마칠 무렵에는 남편은 내게도 시간여유가 생기므로 취업을 위해서 새로운 공부를 해보는 게 어떠냐는 의사를 타진했다. 하지만 십 년이 지나면서 서서히 내게 이런저런 병이 생기기 시작했다. 대단히 심각한 병은 아니었지만 뭐 시름시름 앓는다는 정도로 이곳저곳이 아프기 시작했다. 돌아오겠다고 결심할 즈음에는 심한 우울증까지 찾아왔다.

가장 결정적인 이유가 나의 병이었지만 연로해 가시는 한국의 부모님 등등 여러 가지 면에서 어느 순간부터 남편도 조금씩 귀향에 대해 생각을 하고 있었나보다. 귀향을 결심하면서 아이에게 의사를 물었다. 혼자 미국에 남아 기숙사 있는 학교에서 미국 생활을 계속 할 것인지 우리를 따라 한국으로 돌아 갈 것인지를.

그때 아이는 물었다. "대학을 졸업하고 나면 어디서 살아요?" 그래서 그거야 네가 선택하기에 달렸지만 아무래도 너에게는 미국에서 계속 사는 것이 훨씬 편하겠지 했더니 그럼 엄마, 아빠는요 그렇게 물었다. 그래서 당연히 한국에서 살면서 간간히 너를 방문하거나 네가 우리를 방문하겠지 했더니 "그럼 저도 한국으로 갈래요" 하는 거였다.

십삼 년 동안 세 식구만 같이 하는 시간이 많았다. 간혹 부모님들이 다녀가시기도 했지만 그 시간은 무척 짧았다. 외로움 때문에 교회를 다녀보는 등 사람들과의 교류도 시도해 보았지만 종교적인 관심이 없는 데다가 종교보다는 친목을 중시하는 분위기, 항상 시간에 쫓기던 남편 때문에 그것도 불가능했다.

남편이 학생이던 시절 기숙사나 학생아파트에 살 때는 그나마 한국 학생들과의 교류가 약간 있었지만 그 시간도 지나가자 그 마저도 없었다. 유일하게 교류하던 사람이라고 해야 남편과 관계된 몇몇 외국계 친구들, 그리고는 아이의 학교 친구들 부모나 같은 운동 팀 부모가 전부였다.

그래서일까 커가면서 미국의 공휴일이나 명절이 되면 아이는 부쩍 외로움을 탔다. 나 역시 남편과 아이가 있음에도 불구하고 외로웠고, 아이는 친구들이 할아버지나 할머니 집을 방문하거나 친구 집에 친척들이 찾아오는 때면 무척 부러워했었다.

아이는 한국행을 결심하면서 "여기서 외로움을 이기며 공부하는 어려움보다 한국에서 새롭게 시작하는 학교생활이나 한국공부의 어려움이 더 클 것 같지는 않아요. 그리고 외국인으로 사는 건 이만큼 했으면 된 것 같아요."하면서 우리와 함께 한국으로 돌아가기로 결심했다.

아이는 미국에 사는 동안은 완벽하게 그곳에 만족을 했었다. 하지만 사춘기가 되면서 자신이 아시안이라는 사실을, 한국계라는 사실을 자각하기 시작했다. 그 좋아하던 김치를 저녁식사에만 먹고 아침은 아무리 입 안이 깔깔해도 시리얼이나 빵을 먹고도 화장실에서 구강청정제로 5분 이상 입안을 헹구고서야 학교로 갔다.

아이가 그렇게 음식냄새에 신경을 쓰기 시작하면서 나의 요리방법도 변하기 시작했다. 김치나 반찬에 점점 마늘 양을 줄이고 간을 조금씩 하기 시작했다.

아이가 중학생이 되면서 학생회 선거에 나가 학생회장이 된 것도 아시안은 발표력이나 지도력이 없다는 일반의 통념을 깨기 위한 것이었다고 나중에 이야기 하는 것을 보면 아이는 나름대로 미국에서 아시안계로 산다는 심리적인 부담이 많았던 모양이다.

그런 복잡다단한 생각에 길고도 지루한 과정을 거쳐 드디어 한국행이 결정되었다. 남편이 직장을 대구에 잡는다고 했을 때는 기분이 이상했다. 서울에서 태어나 미국에 오기까지 한 번도 지방에 살아보지 못했던 나는 아마 계속 한국에만 살았었다면 낯선 곳에 대한 낯가림이 심해서 남편의 결정을 달가워하지 않았을 것이다.

하지만 미국에서 여러 도시에 살아 볼 수 있었다. 대도시도 있고 소도시도 있었다. 그러면서 도시마다 살아가는 맛이 다름을 알게 되었다. 더구나 대구는 어머니의 고향이 아닌가? 마다할 이유가 없었다.

그래도 부산이 고향인 남편도 대구에는 아무 연고가 없었다. 남편이 먼저 한국으로 가 대구의 아파트도 알아보고 돌아갈 준비를 했다. 아이와 미국에 남아 남편의 대구 소식을 전화로 전해 들으며 컴퓨터에 앉아 이곳저곳 웹사이트를 헤매며 정보를 수집했다.

웹사이트의 단편적인 지식이나 지식검색의 단편적인 정보는 오히려 호기심과 궁금증만 유발했다. 남편이 직장을 걸어서 갈 수 있는 곳에 아파트를 정하고 아이의 학교를 정했다는 소식을 들었다. 컴퓨터 속의 그곳 소식이나 동정은 낯설기만 했다.

인터넷이 보편화하면서 낯선 곳에 여행을 가거나 이사를 가기로 하면 몇날 며칠이고 컴퓨터에 달라붙어 온갖 정보를 섭렵했다. 수많은 정보를 메모하고 정작 그곳에 가보면 컴퓨터 속의 정보가 유용한 경우도 많지만 얼마나 과장된 것인 가를 보고 실소를 머금은 적도 많았다.

아이의 봄방학이나 여름방학이면 여행을 갔다. 여행가기 전 갈 곳을 정하고 호텔을 예약하는 것은 항상 나의 몫이었다. 호텔을 정할 때면 심지어 호텔 웹사이트에 들어가 동영상까지 확인하기도 했지만 막상 가보면 사진만 그럴듯할 뿐일 때가 많았다.

대구에 도착하고 이틀이 지나야만 아파트에 입주할 수 있게 아파트 계약이 되었다. 그 이틀 동안 부산에 있는 시댁에 가기도 서울에 있는 오빠 언니 집에 가기도 시간이 빠듯했다. 귀국 후에 곧바로 남편은 직장을 나가야 했고 아이 학교도 시작되게 되어 있었다. 무엇보다도 생활에 필요한 모든 가재도구를 갖추어야 하는 등 시간이 부족했다.

미국에 사는 동안 가재도구는 대부분 무빙세일이나 차고세일에서 마련한 것 아니면 누군가 주고 간 것들이었다. 유용하게 사용했지만 그걸 한국에 가져오기에는 이사비용이 너무 많이 들었다. 그래서 최소한의 옷가지와 책을 제외하고는 전부 처분하고 이사를 오는 것이라 모든 가재도구를 도착 즉시 마련해야만 했다.

그래서 남편이 쇼핑하기 쉽고 우리가 정한 아파트와도 거리상 가까운 대구시내 관광호텔에 방을 예약했다고 했다. 아마 작은 호텔이라서 웹사이트가 없었던지 정확히 기억나지는 않지만 나는 컴퓨터로 호텔 위치만 확인하고는 호텔 웹사이트나 내부는 확인할 수 없었다.

돌아오는 비용을 최소화하려고 비행기 삯이 싸다는 이유로 선택한 항공사가 싱가폴에어라인이었다. 한국으로 돌아오던 날은 며칠을 짐 싸느라 정신이 없었고 모든 가구를 빼버려 휑하게 빈 집에서 침대도 없이 맨바닥에 잠을 자느라 잠을 잔건지 안 잔건지 머리가 멍한 날이었다. 우리를 공항에 실어다줄 셔틀 밴이 집 앞에 서고 차에 13개나 되는 가방을 넣을 때도 아무 생각이 안 났다. 밴이 익숙한 동네를 돌아 아이 친구들이 사는 동네를 돌며 공항에 갈 사람들을 하나 둘씩 태울 때도 아무런 감흥이 없었다.

매일 다니던 골목들을 다 빠져나와 공항으로 가기 위해 베이브릿지를 건너는 순간 이제 돌아가는가 하는 생각이 들었다. 며칠 전부터 친구들과 작별하느라 우울했던 아이의 얼굴을 쳐다보았다. 다행이 울거나 우울해 하는 기색은 없었지만 별로 기분이 좋아 보이지도 않았다. 늘 그러던 대로 낯선 장소에선 눈을 감아버리는 남편에게선 그 어떤 감정도 읽을 수 없었다.

그렇게 싱가폴에어라인의 좁은 자리와 입에 맞지 않는 음식을 탓하며 열 몇 시간을 버텨서 인천공항에 도착했다. 운이 좋았다. 짐을 찾아 대구행 리무진에 옮겨 탈 시간이 충분했다. 대구행 리무진에는 늦은 시간이라 그런지 사람이 많지 않았다. 비행기 안과 달리 자리도 널찍했다. 안도감 때문인지 비행기 안에서는 그렇게 안 오던 잠이 쏟아졌다. 눈을 떴다가 감았다고 생각했는데 고속도로 휴게소였다.

빈속이 편하다는 아이는 그대로 두고 남편과 나는 우동을 하나 사서 나눠먹고 커피를 마셨다. 2월의 밤공기는 차가웠지만 답답하고 밀폐된 공간에만 갇혀 있었던 탓인지 공기가 신선했다. 모든 것이 꿈만 같았다. 지난 몇 달간 짐을 처분하고 전기며 전화, 컴퓨터 회사, 케이블 회사와의 해약 등 그동안 미국에서 살았던 모든 흔적들을 지우기 위한 일들은 모든 고단함을 사라지게 하는것 같았다.

그리고 다시 졸았다고 생각했는데 리무진은 어느새 대구 시내 한복판에 주차를 하는 중이었다. 잠에서 깨어, 짐을 꺼내자 미국으로 간 후 언제나처럼 이사를 가면 제일 먼저 반겨주던 택시들이 앞에 줄지어 늘어섰다.

미국에 처음 도착한 도시는 남부 루이지아나 주의 뉴올리언즈였다. 늦은 나이의 유학이란 이유로 모든 일을 혼자 했던 남편은 공항도착에 마중 나와 줄 사람 하나 연락을 하지 않았었다. 혼자 학교에 연락해 기숙사를 정하고 그때도 이민가방 다섯 개를 들고 뉴올리언즈 공항에 도착하자 택시 기사들이 우리를 에워쌌었다. 오랜 비행에 지칠 대로 지친 우리를 에워쌌던 인도계, 중동계 기사들이 토해내는 영어는 남부식 발음에 각자 나라 억양이 섞여 도무지 알아듣기 힘들었지만 그때도 남편은 택시 값을 흥정했었다. 그 후로도 몇 번의 이사를 했지만 그때마다 낯선 도시에서 우리를 반기는 건 택시기사들이었다.

익숙한 광경에 이제는 어색하지도 않았다. 리무진 정거장에서 우리가 가려는 호텔까지는 기본요금이 조금 넘어 나오는 곳이었다. 새벽 세 시가 다되어 가는 시간에 그렇게 많은 택시가 있다는 사실이 조금 놀라웠다. 택시기사들은 우리에게 다가왔다가는 우리 옆에 놓인 13개의 가방을 보고는 바로 멀어져갔다. 흔히 말하는 대목인 시간에 가방을 낑낑거리며 옮겨주기에는 아저씨들은 마음이 그렇게 한가롭지 못한 것 같았다.

한참을 그렇게 짐을 쌓아두고 어쩌지 못하고 있는 사이 우리와 같이 내렸던 사람들은 다 뿔뿔이 흩어지고 우리들에게 다가오던 택시도 하나 둘 사라져 갈 때 택시 한 대의 느긋한 기사 아저씨가 물어왔다. 어디로 가느냐고 하면서 택시 두 대로 나누어서 가라고 했다. 그렇게 간신히 택시 두 대에 짐을 나눠 싣고서 겨우 호텔에 도착했다.

호텔의 외관은 그런대로 깨끗했다. 졸다가 깬 주인인지 야간 당직 직원인지 늙수그레한 아저씨는 우리와 짐을 번갈아보며 놀라더니 호텔방 열쇠를 주며 엘리베이터로 가는 길을 안내했다. 호텔 엘리베이터와 복도는 관광호텔이라는 이름이 무색할 정도로 낡아 보였다. 우리에게 배정된 호텔방을 열어 보고는 처음에는 숨이 꽉 막히는 것 같았다. 오랜 시간 좁은 비행기 안이 답답했었는데 호텔방문을 열자 바로 욕실 문이고 옆으로 침대 두 대와 테이블 하나 텔레비전이 꽉 붙어 있었다. 짐을 빈 공간에 두자 걸어서 침대에 가기도 힘들 지경이었다.

욕실은 지저분하진 않았지만 그다지 깨끗한 느낌도 들지 않게 오래되어 보였다. 남편이 호텔을 정할 때 가장 먼저 고려한 것이 교통이었다. 교통이 편하고 시설도 좋은 호텔을 가자면 너무 비용이 많이 들었고 새로 지은 깨끗한 호텔은 시내에서 떨어져 외곽에 위치한 것이 많아 별 수 없이 정한 호텔이었다. 물론 주변에는 시설이 좋은 새로 지은 많은 모텔들이 뽐내고 있었지만 가방 13개를 들고 사춘기 아들을 데리고 가기는 왠지 꺼려지더라는 게 호텔방문을 열자마자 답답해하는 나에게 한 남편의 변명이었다.

그렇게 묵게 된 낡은 관광호텔이었지만 그런대로 침대도 포근하고 오랫동안 지친 몸을 쉴 수 있게 하고 다음날 일정을 편하게 볼 수 있게 해준 곳이었다. 다음날 호텔프론트에는 그래도 관광호텔이라는 이름에 걸맞게 제복을 입은 아가씨가 앉아 있었고 영어신문도 놓여 있었다. 전날 잠에서 깬 늙수그레한 아저씨는 밤에만 일하는지 낮에는 볼 수 없었다.

새벽에 호텔에 도착한 우리는 짐을 두고는 프론트에 졸고 있던 아저씨에게 물어 그 시간에 24시간 한다는 찜질방에 갔다. 몸이 너무 고단해 도무지 잠이 올 것 같지 않아 찾은 것이었다.

대구역 주변 거리는 새벽 세 시가 넘은 시간이어서 사람이 별로 많지 않았다. 새벽에 거리에 있다는 것뿐만 아니라 그다지 안전을 걱정하지 않으며 거리를 활보한다는 것이 무척 신기했다. 미국에서는 전혀 해볼 수 없는 경험이었다. 찜질방에 도착했을 때 우리 앞에 한 무리의 청소년이 모여 있었다. 주인은 주민등록증이 없으면 입장이 안 된다는 설명을 하고 있었다. 나중에 아이가 친구들과 친구들 중 한 부모가 같이 찜질방을 간다는 이야기를 들어서 알게 된 것이었지만 당시에는 마냥 신기하기만 했다.

그렇게 목욕을 하고 찜질방 옆 편의점에서 간식거리와 맥주 한 병을 사들고 호텔로 돌아왔다. 목욕으로 갈증이 난 목을 맥주로 축이고 길고 긴 하루를 마감하고 침대로 빠져들어 잠이 들었다.

그 호텔에 이불이 무척 특이했다. 빨간 캐시밀론 담요였다. 꽤 두꺼웠지만 부드럽고 포근했다. 내가 아주 어렸을 때 집집마다 유행하던 담요와 비슷했다. 그 담요 탓에 갑자기 어린 시절 기억을 하게 될 정도로 그동안 우리가 묵었던 미국호텔에서는 볼 수 없었던 담요였다. 한참 시간이 지난 후 우연히 차로 그 호텔 옆을 지나노라면 아이는 그 담요이야기를 하곤 했다. 정말 포근하고 따뜻한 담요였다면서.

이틀간의 숙박을 끝내고 호텔을 나올 때 그 주인인지 직원인지 아리송한 늙수그레한 아저씨를 다시 볼 수 있었다. 호텔을 나와서 우리 아파트로 갈 때는 도착하던 날은 새벽이라서 운행을 안 한다던, 짐을 많이 실을 수 있는 승합택시를 불렀다. 호텔방에서 짐을 꺼내 엘리베이터에서 나오자 그 아저씨가 반색을 하면서 뛰어나와 우리 가방을 들어주며 승합차에 실어 주었다. 도착하던 날 우리 가방을 보고 놀랐던 아저씨는 우리가 호텔을 드나들며 우연히 프론트 여직원에게 그곳 지리를 물으며 13년 만에 귀국을 했다는 이야기를 전해들은 모양이었다. 괜찮다는 만류에도 불구하고 가방을 실어주며 살갑게 지내기가 괜찮았냐며 혹시 다음이라도 새벽에 도착할 일이 있으면 미리 말해주면 자신들이 차편을 마련해 주겠다는 친절한 말도 잊지 않았다.

처음 도착하던 날 조금 불친절하게 보이던 아저씨는 어느새 상냥하고 가방을 들어줄 정도로 서비스가 익숙한 호텔 맨으로 변해 있었다. 시설을 보고 어떻게 관광호텔이라는 이름이 붙었을까 의아해 했지만 나름대로의 방식으로 친절을 발휘하는 프론트 여직원들과 아저씨 덕에 일본인 관광객이 제법 찾는다는 이야기를 듣고 서야 이해가 되었다. 이왕 관광객을 유치할 거면 시설도 좀 개선하면 어떨까 하는 아쉬움이 호텔에서 멀어지면서 남았다.

2 택시기사
이야기

호텔에 도착한 다음날 몇 시간 자지 않고 눈을 떴는 데도 별로 피곤하다는 생각이 들지 않았다. 커튼을 열고 밖을 내다보았다. 아침나절 대구 시내 뒷골목은 그다지 분주해 보이지 않았다. 출근 시간이 지난건지 아니면 뒷골목이 보이는 탓인지 알 수 없었다. 씻고 아침을 먹으러 나갔다.

아침을 먹기 위해 찾은 식당이 호텔에서 얼마 멀지않은 24시간 운영하는 콩나물 국밥집이었다. 식당에는 손님이 별로 없었다. 야근을 끝내고 아침을 먹으러 온 아저씨 둘이 해장인지 소주를 마시며 콩나물 국밥을 먹고 있었고 직장에 출근하는 직장인인지 넥타이를 깔끔하게 맨 남자가 땀을 흘리며 국밥을 먹고 있었다.

반찬이 놓이고 뜨거운 콩나물국밥을 입에 한 숟가락 떠 넣자 입에 퍼지는 강한 마늘 냄새와 살짝 비릿한 콩나물 냄새가 한국으로 돌아왔다는 실감을 다시 한 번 하게 해주었다. 전날 거의 하루 종일 속을 비우다시피 하던 아이는 말할 틈도 없이 콩나물 국밥에 커다란 김치를 올려 열심히 씹고 있었다.

미국에 살 때 초기에는 여행을 갈 때도 전기밥솥이며 김치를 싸들고 다니며 호텔에서 아침밥을 하고 냄새 새나갈까 걱정이 되어 목욕탕에서 국을 끓여서 밥을 먹고 다녔었다. 그러던 어느 날 우연히 호텔에서 컨티넨탈 블랙퍼스트라는 아침을 공짜로 준다는 사실을 알게 되었다. 그 후로는 여행을 갈 때면 아침이 무료로 제공되는 호텔을 골라 가서 더 이상 아침으로 걸쭉한 한국식 밥상을 차리지 않게 되었다.

여행을 왔다는 들뜬 마음에 저녁이면 밥을 먹으며 싸구려 와인을 마시거나 맥주를 마시기도 했던 날 다음날 공짜이긴(물론 호텔료에 다 포함된 것이긴 하지만) 해도 차디찬 우유에 달달한 시리얼을 넣어 우적우적 씹자면 마치 모래알을 씹는 것 같기도 했다. 때로는 뜨거운 식사를 무료로 제공한다는 선전을 보고 택한 호텔식당에서 버터에 절어 뻣뻣해진 식빵에 구운지 오래되어 씹으면 장판을 씹는 것 같은 달걀 프라이를 먹거나 노란버터물이 흥건한 매쉬포테이토나 심한 누린내가 나는 고기가 어우러진 스프를 보고 전날 마신 알코올로 쓰린 속을 뜨거운 커피로만 달래던 적도 있었다.

아이가 사춘기로 접어들고서 부터는 학교를 가는 평일에는 집에서도 아침에 마늘이 많이 들어간 국이나 김치를 먹는 날은 드물었다. 그런데 이렇게 아침으로 진한 마늘 향에 전혀 거부감 없이 김치와 함께 열심히 뜨거운 국밥을 먹는 아이가 신기하게만 보였다.

밥을 먹는 사이 음식을 나르던 아주머니의 교대시간이 된 것 같았다. 음식을 먹고 간 식탁에서 남긴 음식을 버리고 그릇을 챙기던 아주머니의 눈가에는 피곤이 짙게 배어 있었다. 밤을 새고 일을 한 것 같았다. 곧이어 조금 젊은 아주머니가 신발을 벗고 앞치마를 입으며 식당에 들어서면서 "형님, 밤에 손님 많았능교? 욕 봤구마 어서 들어 가이소"하는 구수한 사투리가 이어졌다. 국밥을 연신 입 안으로 밀어 넣으며 본, 옆에서 소주를 마시던 힘들어 보이는 아저씨들이나 밤새 일하고 피곤에 젖은 얼굴로 집으로 돌아갈 준비를 하는 아주머니 등, 24시간 운영하는 조그만 국밥식당,

밥 먹는 사이에도 사는 것이 힘겨워 보이지만 열심히 사는 사람들 모습에서 삶의 숙연함이 느껴졌다.

아침을 먹고 호텔로 돌아가 예정했던 대로 가재도구를 사러 가기로 했다. 대구로 돌아오기 전 미국에서 인터넷을 뒤지며 알아낸 정보로 가구는 어느 시장으로 가전제품은 어디로 그렇게 예정을 했었다.

가구를 사러가기 위해 택시를 탔다. 출근시간이 지난 때라 그런지 거리도 한산하고 택시도 많았다. 우리가 미국 가기 전에는 호황이라서 그랬는지 대중교통수단이 많지 않아서 그랬는지 택시를 잡는 일이 쉽지 않았다. 게다가 합승이 만연하던 때라 동행인이 많으면 더 택시를 잡기가 힘들었다. 그래서 동행인이 많을 때면 한 사람만 서서 택시를 잡고 동행들은 가까운 곳에 숨었다가 택시가 잡히면 우르르 달려나가 타는 웃지 못할 일도 있을 정도였다.

미국에서 택시를 이용하는 경우는 이사를 가서 공항에서 이사 간 장소를 찾아 갈 때 말고는 정말 손에 꼽을 정도였다. 간혹 갑자기 차가 망가져 가까운 사람에게도 연락할 수 없는 상황일 때 등 정말 불가피 할 때 아니고는 택시를 이용하는 일이 없었다. 물론 택시요금이 워낙 비싼 터라 그랬을 수도 있고 승용차가 자신의 발처럼 어떤 순간에도 가까이 있었던 터라 그랬을 것이다.

공항도 아닌 곳에서 당연한 듯이 택시를 잡는 내가 무척 어색한 것도 미국에서의 경험 탓이었을 것이다. 가구를 사러가기 위해 탔던 택시나 그 다음 장소로 이동하기 위해 탔던 택시 운전사 아저씨들은 무언가 물으면 아주 이야기를 잘했다. 모르는 사람과는 이야기를 잘 하지 않는 남편은 왠지 택시만 타면 아저씨들과는 이야기를 잘했다. 낯선 도시라서 그랬는지 그런 남편을 어색해 하면 남편은 "택시 운전하는 아저씨들처럼 그 도시에 대해 정통한 정보를 가지고 있는 사람들이 어디 있는데" 하며 이런 저런 이야기를 묻고는 했다. 당시 택시 운전하는 기사 아저씨들이 가장 걱정하는 것은 대구의 인구가 점점 준다는 사실이었다. 경제가 안 좋으니 도시에서 사람들이 자꾸 빠져나가고 게다가 이렇다 할 관광 자원이 있는 것도 아니라서 찾는 사람은 드물고 그러니 점점 경제가 더 안 좋아져 악순환이 반복된다는 거였다.

그저 대구가 한국에서 몇 손가락 안에 드는 대도시라는 막연한 생각만 하던 나에게는 처음 들어 보는 이야기였다. 내가 미국으로 가기 전만해도 지방자치에 대한 논의가 활발할 뿐이지 제대로 시행되지 않던 때였다. 미국에서 간간이 지방자치가 시행되어 각 지자체마다 경쟁을 한다는 소식을 듣긴 했지만 별로 관심이 없었다. 대구에 살게 되면서 관심을 갖게 되었지만 택시기사 아저씨들이 그렇게 침 튀기며 문제의 심각성을 토로할 때는 별로 피부에 와 닿지는 않았었다.

그 후 호텔에서 나와 우리가 계약한 아파트로 들어갈 때 예약을 하고 불렀던 승합차를 몰던 택시 기사 아저씨는 정말 친절했고 유용한 정보를 많이 주었다. 승합차라고는 해도 운행한지 오래 되었는지 많이 낡고 의자도 기울어 승차감이 그다지 좋지는 않았다. 하지만 아저씨는 우리가 미국에서 돌아와 호텔에 있다가 아파트로 들어간다는 사실을 알고는 그 가는 길, 짧은 시간동안 천천히 차를 몰며 이곳은 어떤 곳이고 뭘 하려면 어디로 가야 한다는 등 인터넷에서는 얻을 수 없는 생생한 정보를 많이 주신 분이었다.

우리가 정한 아파트에 도착했을 때도 적지 않은 나이에 괜찮다고 해도 짐을 일일이 아파트 엘리베이터 앞까지 날라주며 몸에 배인 친절함을 잃지 않는 고마운 분이었고 그 짧은 시간에 들었던 정보는 사는 내내 정말 유용한 것이었음을 알게 되었다.

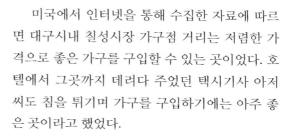

3 가구점 주인

미국에서 인터넷을 통해 수집한 자료에 따르면 대구시내 칠성시장 가구점 거리는 저렴한 가격으로 좋은 가구를 구입할 수 있는 곳이었다. 호텔에서 그곳까지 데려다 주었던 택시기사 아저씨도 침을 튀기며 가구를 구입하기에는 아주 좋은 곳이라고 했었다.

세 식구가 할 일없이 그 곳 가구점 거리를 한 번 휙 둘러보았다.

결혼을 할 때 남편은 이미 유학 계획을 하고 있었다. 게다가 부산이 고향이었던 남편은 대학 입학과 동시에 서울에 올라와 오랜 하숙과 자취를 하느라 나름대로 최소한의 가구가 있었다. 그래서 결혼할 때 내가 준비한 가구는 장롱과 서랍장 하나, 화장대가 전부였다. 그러다 아이가 생겨 차일피일 유학이 늦추어졌고 유학을 떠날 때는 시부모님 댁에 그 가구를 옮겨 놓았었다. 그 후 시부모님은 우리의 미국체류기간이 길어지자 이사를 가시면서 그 가구들을 다 처분하셨다고 했다.

그래서 결혼하고도 우리에게는 소파라든가

침대가 없었다. 미국에 처음 도착한 대학 기숙사는 카펫이 깔린 곳이었고 그곳 남부의 뉴올리언즈는 기후 탓에 바퀴벌레며 곤충이 많은 곳이었다. 그래서 맨바닥에 이불을 깔고 자고 바닥에 철썩 주저앉는다는 것은 그곳 사람들로는 상상도 못할 일이었다.

카펫이 널리 상용화된 미국에서는 카펫으로 인해서 기관지 계통의 병이 많았고 항상 건강뉴스에서는 카펫관리를 어떻게 해야 하며 적어도 카펫 바닥에서 얼마정도의 거리를 두고 눕고 앉아야 하는가가 중요하게 다루어졌다.

미국에 도착한 첫날 기숙사에서 우리를 안내한 기숙사 담당 조교는 어눌한 중동계 발음으로 카펫 청소를 깨끗이 했지만 빠른 시간 안에 침대와 소파를 사는 것이 좋다는 조언을 잊지 않았었다.

그래서 다른 건 몰라도 침대를, 우연찮은 기회에 만난 한국으로 돌아가는 사람을 통해 구입했었다. 한동안은 소파가 없이 지냈는데 일이 있어 우리를 방문했던 사람들은 우리 기숙사에 들어서면 어쩌지를 못하고 당황해 했다. 식탁의자를 끌어다 자리를 마련하긴 했지만 어색해 하며 어서 떠나려고 하는 기색이 역력했었다.

그러다 보니 별 수 없이 무빙세일이나 차고세일에서 소파를 구입해 사용해야만 했다. 이사를 갈 때면 이사비용이 너무 많이 들어 쓰던 소파를 처분하고 새로 이사한 도시에서 무빙세일이나 차고세일을 기다릴 시간이 없을 때면 도시외곽에 싸구려 가구를 파는 아울렛 가구점을 찾아 차로 몇 시간씩 달려가기도 했다.

보스턴으로 이사를 갔을 때였다. 이사 가기 전 살던 도시에서 한국으로 들어간다고 아이 때문에 알게 되었던 의사 가족이 소파를 주고 갔다. 그전에는 마트에서 산 푸톤이라는 나무 의자를 소파로 사용하고 있었지만 크기도 작고 무척 불편했었다. 그 의사가족이 준 소파는 천소파로 적어도 몇 십 년은 된 것 같아 보였다. 자신들도 그 집에 이사 왔을 때 집주인이 쓰라 고 준 것이라고 했다. 꽃무늬 염색이 흐려져 색깔도 허옇고 한눈에도 낡아 보였지만 앉으면 정말 편안한 소파였다. 구식이어서 그런지 크기도 무척 크고 무거웠다. 이사 하면서 가져가고 싶었지만 부피로 요금을 계산하는 이삿짐비용 때문에 다른 사람에게 주고 갈 수밖에 없었다. 소파에 익숙해 진 생활 탓인지 이사를 하자마자 소파가 없으니 무척 불편했다. 무빙세일 이나 차고세일을 기다리기에는 시간이 없었다.

그래서 수소문 끝에 가구를 아주 싸게 판다는 아울렛 몰을 차로 한 시 간이나 타고 찾아갔다. 남미계 주인은 우리를 보자 반색을 하며 이런 저런 소파를 보여주었다. 언제나처럼 가격을 최우선시 하는 나의 취향에 주인 은 우리가 관심을 보이는 소파를 보면 당장 그 자리에서 계산기를 두드리 며 청구서를 작성하는 탓에 혼비백산해서 주인을 진정시키느라 정신이 없 었다.

그런 우여곡절 끝에 비닐 소파를 하나 싼 값에 샀었다. 그 소파를 살 때 주인은 비닐 커버가 약하다는 경고를 하며 언제든 돈을 내면 비닐 커버를 다시 살 수 있다는 설명을 침을 튀기며 했었다. 편하게 사용하긴 했지만 한 창 개구쟁이 나이인 아이와 아이 친구들이 그 소파 위에서 뛰며 구르더니 채 1년이 다가기도 전에 비닐 커버가 찢어져 나의 어설픈 바느질 솜씨로 비닐 커버를 꿰매서 사용했다. 거기다 비닐이라 여름이면 소파가 몸에 쩍 쩍 달라붙었다. 그래서 그 후로는 어차피 비싼 가죽소파를 못 살 바에는 천 소파가 낫다는 생각을 하게 되었다.

그 후 샌프란시스코 외곽인 월넛크릭에 이사 가서는 무빙세일에서 아 주 무겁고 낡은 천 소파를 10불을 주고 샀었다. 집주인은 그 소파를 처분하 고자 우리가 가구를 사기 위해 빌린 트럭에까지 실어주는 수고를 아끼지 않았다. 문제는 주차장에서 우리 아파트까지 들고 오는 것이었다. 남편과 내가 아무리 들려고 해도 들리지가 않았다. 결국 남편은 힘을 못 쓰는 나를 밀쳐내고 소파를 이리저리 발로 밀고 굴려서 가까스로 집안에 들여왔다.

미국에서 가구나 가전제품을 사는 일은 항상 전쟁에 가까웠다. 사는 데 드는 비용도 비용이지만 가까스로 비용은 마련했다 해도 그걸 옮길 차며 옮길 사람이 문제였다. 물건 옮기자고 트럭을 빌리자니 그 비용이 만만치 않았고 겨우 차에 옮겼다고 해도 주차장에서 집안으로 옮기는 것도 문제였다. 물론 배달을 시킬 수도 있었지만 시간과 비용이 너무 많이 들었다.

그렇게 겨우 들고 천소파는 집안에서 자세히 보니 개가 물어뜯은 곳도 있었고 너무 지저분했다. 그래서 마트에서 50불이나 주고 소파커버를 사서 씌워 놓으니 새것처럼 깔끔해졌었다. 그렇게 소파를 들여 놓고 그 소파가 위력을 발휘하는 때는 주로 주말저녁이었다. 한 주를 바삐 보낸 별 일 없는 금요일이나 토요일 밤이면 한국비디오를 틀어놓고 아이와 나는 한쪽에 비스듬히 기대앉고 남편은 혼자 앉는 의자에 앉아 이런저런 이야기를 하거나 비디오 속의 이야기에 낄낄거리며 시간 가는 줄 몰랐었다. 그런 시간을 보낸 덕에 아이는 전혀 어려움 없이 한국말로 소통을 할 수 있었고 한국적 정서를 이해하는 데 어려움이 없었다.

물론 매일 일정시간 한글을 가르치기도 했지만 책에 있는 단어나 우리가 사용하는 단어는 한정되어 있는데 주말에 한국비디오를 빌려다 보노라면 특히 코미디 프로나 시트콤은 아이가 이해하기 힘든 단어가 종종 나왔다. 그럴 때 뜻을 영어로 설명해주고 다음에 다시 반복해서 그 단어가 나오면 완벽하게 그런 단어를 익히게 되었다. 억지로 하는 게 아니라 재미로 하다 보니 힘든 줄도 모르고 한국적 정서에 대해서도 익숙하게 되었다. 그렇게 소파에 앉아 보내는 주말 시간은 우리 가족에게는 미국에 사는 동안 그 어떤 시간보다도 평화롭고 소중한 시간들이었다.

한가롭게 칠성시장 가구거리를 한 바퀴 둘러보고는 한 브랜드 이름이 적힌 가구점으로 들어갔다. 밖에서 보기보다 안은 무척 넓었다. 점원이 반색을 하며 다가와서 묻기에 장롱이며 침대, 소파, 책상, 식탁 등을 구입하려 한다는 소리에 놀라 어딘가로 달려가더니 곧이어 넥타이를 맨 나이 지긋한 중년의 사장님이 우리에게 다가왔다.

곧 우리는 지하의 가구로 둘러싸인 넓은 매장 소파로 안내되었다. 앉아서 우리 사정이야기를 들으신 사장님은 우리가 원하는 저렴한 가격의 가구들을 권해 주셨다. 장롱이며 침대, 책상, 식탁, 서랍장 등은 쉽게 결정했다. 물건을 살 때 한 번 결정하면 망설임이 없는 성격 탓에 까다롭게 재거나 시간을 끄는 걸 싫어했다. 물론 시간이 많고 할 일이 없을 때는 이곳저곳 다녀서 가격 비교도 해보고 컴퓨터 사이트에서 정보도 얻지만 지금은 가구를 갖추어 빨리 안정을 해야 하는 시간이 제일 중요할 때였다.

게다가 미국에서 인터넷으로 웬만한 가구의 가격은 알아 본 터라 가구점 사장님이 권해 주시는 가격이 그다지 비싸거나 물건이 나빠 보이지는 않았다. 장롱을 결정할 때가 조금 망설여졌다. 미국에서는 장롱이 집에 붙박이로 붙어 있거나 어떤 집은 아예 방에 또 다른 문이 달려 걸어 들어가서 정리할 수 있는 방모양의 장롱도 있었다. 한국에도 새로 지은 아파트에는 장롱이 달린 경우가 점점 많아진다는 소식을 듣고 있었다. 그래서 그저 쓰기 편한 저렴한 장롱으로 결정했다.

가장 결정하기 힘든 것이 소파였다. 소파는 커서 그런지 진열된 종류가 몇 안 되었고 가격이 비쌌다. 사장님은 견본 책을 주시면서 주문을 하면 바로 제작해서 배달 해주신다는 거였다. 그래서 책을 뒤적이다가 한 천소파를 발견했다. 은은한 녹색에 검은색이 배합된 것이었다. 사진을 잘 찍어서 그런지 모르지만 마음에 들었다. 게다가 가격도 우리 사정에 비해 그다지 비싼 것이 아니었다. 사장님은 며칠 내에 제작이 가능하다고 하셨다. 세 사람이 앉을 수 있는 긴 소파 두 개와 그 앞에 등받이 없는 네모 의자 하나, 그리고 탁자를 주문했다. 그러자 사장님은 이해를 못하겠다는 표정으로 무슨

긴 소파가 두 개나 필요하냐는 거였다. 식구가 셋 밖에 안 되는 데 왜 두 개씩이나 필요하냐면서. 그래서 워낙 붙어 앉는 걸 싫어하고 쉬고 싶을 땐 비스듬히 기대기도 하면 두 개가 필요하다고 했다. 그러자 사장님 하는 말씀 "식구가 셋인데 그렇게 세 식구가 같이 소파에 앉을 시간이 많습니까? 나도 아이가 둘이지만 네 식구가 같이 앉아 밥을 먹거나 한 번에 같이 소파에 같이 앉는 경우는 아주 드물어요. 한 달에 한 번이나 될까요?" 하는 거였다.

나는 그래도 저녁식사 후 또는 주말에 시간이 있으면 가족이 함께 앉아 이야기도 하고 텔레비전도 같이 보고 그럴 때가 있지 않느냐고 되물었다. 사장님은 "한국 생활을 잘 몰라서 그렇습니다. 남자들은 바깥일로 아이들은 학원에 가야해서 저녁 식사 후나 주말이라도 같이 앉아 시간을 보내기가 쉽지 않습니다." 하는 거다.

그래서 "아무리 그래도 가족인데 같이 앉아서 서로 이야기 할 시간은 억지로라도 만들어야죠." 하자 사장님은 아직 뭘 모른다는 얼굴로 수긍이 안 가는지 제작 주문하는 것이기 때문에 나중에 반품한다든가 그런 일이 있으면 절대로 안 된다고 다짐을 두었다.

사장님 말대로 그 후 우리가 한국생활에 익숙해 졌을 때 세 식구가 미국에서처럼 주말이면 소파에 같이 앉아 텔레비전을 보면서 한담을 나눌 시간이 많지 않은 건 사실이었다. 하지만 그래도 아이나 남편이 좋아하는 야구나 축구 빅게임이 있거나 아이의 중간고사나 학기말고사가 끝난 주말, 아이도 남편도 별 일이 없는 주말이면 소파가 우리 생활에 큰 역할을 한건 미국에서나 대구에서나 마찬가지였다.

그렇게 가구를 모두 사는 데 걸리는 시간은 두 시간 남짓이었을까. 정말 신기했다. 미국에서 무빙세일이나 차고세일이 아니고 가구점에서 가구를 사려면 시간이 너무 많이 걸렸다. 만약 우리가 한국 교포를 상대로 하는 가구점을 이용했다면 그렇지 않았겠지만. 하긴 우리가 살던 곳은 교포가 많은 곳도 아니었고 혹여 교포를 상대로 하는 가구점이 있다고 해도 그런 곳은 값이 많이 비쌌다. 우리가 이용할 수 있는 곳은 허름한 아울렛 가구점 아니면 반조립제품인 경우가 많았다.

인건비가 비싸다 보니 미국에는 조립식 가구가 많았다. 어려서부터 늘 그런 생활을 해온 경우가 아니고 우리처럼 미국에서 처음으로 그런 가구를 보면 보기에는 쉬워 보여도 웬만한 손재주나 인내심이 없으면 조립이 힘들다. 처음에는 남편도 몇 번인가 시도하다 실패해서 반품도 해보곤 했지만 세월이 흐를수록 익숙해져서 돌아올 즈음에는 웬만한 기술자 못지않은 조립실력을 갖추게 될 정도로 조립가구나 조립전자기기가 많았다.

그렇게 가구를 주문하고 아파트에 입주한 다음날 가구가 배달되었다. 주문하고 다음날 커다란 트럭으로 배달되고 그걸 가져온 사람들이 집까지 들고 와 전부 맞추어 배치해 준다는 사실이 나에는 꿈만 같았다. 물론 국내에 계속 살았다면 그런 것이 당연한 거겠지만 너무 오랫동안 그런 경험을 하지 않아서 그런지 무척 신기했다.

가구배달을 온 건장한 아저씨 둘은 무척 재미있는 사람들이었다. 억센 사투리가 대구 토박이임을 증명하고 있었고 늘 하는 힘든 일들을 아주 즐거운 마음으로 기꺼이 하는 것 같았다. 처음에 가구를 다 들여 놓더니 아저씨 둘이 갑자기 가위 바위 보를 하는 거였다. 내가 놀라 쳐다보니 한 아저씨가 "책장이나 책상보다 장롱 맞추기가 힘들어예, 그래서 가위 바위 보로 지는 사람이 장롱을 맞추기로 하는 깁니더" 하면서 씩 웃었다.

그렇게 소파를 제외한 모든 가구를 들여 놓자 이제 제법 휑하던 아파트가 사람 사는 집 같았다. 그 다음 다음날 소파가 들어왔다. 그런데 어찌 된 일인지 내가 주문한 긴 소파 두 개와 등받이 없는 의자와 탁자가 아니라 긴 소파 하나와 등받이 없는 의자, 탁자 그리고 한사람이 길게 앉을 수 있는 카우치(미국에서는 소파를 그저 카우치라고 했는데 가구점 아저씨는 혼자 길게 앉을 수 있는 긴 의자를 카우치라고 한다고 했다)가 배달되었다.

배달 온 아저씨들에게 어찌 된 일인지 물어 보았지만 아저씨들은 그저 자신들은 배달을 할 뿐이라고 했다. 그래서 가구점 사장님에게 전화를 걸어 보았다. 사장님은 공장에 알아보겠다고 하고 끊더니 다시 전화를 해서 자신이 그렇게 주문을 넣었는데 공장에서 이렇게 주문을 하는 경우는 없다고 그런 식으로 바꾸어 제작했다는 것이다. 기대했던 바와 너무 달라 도저히 이대로 안 된다고 약속한 대로 긴 소파를 하나 제작해주고 카우치는 내가 주문한 것이 아니니 받을 수 없다고 하자 사장님은 긴 소파 제작할 동안 카우치를 그대로 두고 긴 소파 배달할 때 바꾸어 가겠다고 하고 전화를 끊었다. 새로 제작하자면 시간이 일주일은 더 걸린다는 거였다.

그런데 그 일주일동안 카우치를 사용해보니 너무 편한 거였다. 다른 사람은 몰라도 비스듬히 앉아 책을 보거나 텔레비전 보기를 좋아하는 나로선 여간 편한 게 아니었다. 몇 번이나 편하다고 망설이며 과연 이걸 돌려보내야 할까 하니 남편은 "집에서 가장 많이 사용할 사람이 당신이니 당신이 알아서 하라"는 거였다. 긴 소파가 제작되어 배달 온 날 사장님이 세제를 한 통 들고 같이 오셨다.

사장님은 물론 자신이 정확히 공장에 전달하지 못한 잘못도 있지만 카우치를 돌려보내면 자신은 그거 하나만 팔수도 없어 결국 고물상으로 가야만 한다며 싼값에 줄테니 카우치도 마저 인수하라고 회유하는 거였다.

그렇지 않아도 마음이 흔들리는데 사장님이 그렇게 나오니 더 마음이 흔들렸다. 그래서 좀 더 가격을 싸게해서 그것마저 인수했다. 그러자 작은 아파트 거실이 소파로 가득 찼다. 배달 온 아저씨들마저 "한국에서는 이렇게는 소파 배치를 안합니더." 하는 거였다. 처음에는 왜 사장님이 카우치를 바로 가져가지 않고 긴소파 올 때까지 두라고 했는지 몰랐지만 사장님과 배달 온 아저씨들이 돌아가고 나서야 비로소 그 깊은 뜻을 알게 되었다. 견물생심이라고 막상 써보니 마음이 흔들렸고 그러다보니 결국 예상치 않게 거실에 소파가 가득 차게 되었다.

처음 볼 때부터 사람 좋게 웃어서 인상이 좋던 사장님은 전혀 그렇지 않은 것처럼 고도의 상술을 발휘하여 결국 사장님 원하는 대로 가구를 팔았던 것이다. 하지만 그렇다고 그 후 한 번도 사장님에게 속았다거나 가구를 잘못 샀다고 생각한 적은 없었다.

우리 아파트 문을 열고 처음 들어온 사람들은 다들 소파가 가득 찬 거실을 보고 놀라지만 한 번 앉아본 다음에는 "세상에 이렇게 편한 소파를 어디서 샀어요?"하고 묻는 것이었다. 한번은 아파트 정기 소독 때 온 소독 아줌마는 "집이 아니라 사무실 같이 좋네요." 할 정도였다.

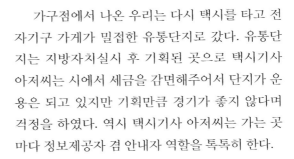

4 전자
기구상

가구점에서 나온 우리는 다시 택시를 타고 전자기구 가게가 밀접한 유통단지로 갔다. 유통단지는 지방자치실시 후 기획된 곳으로 택시기사 아저씨는 시에서 세금을 감면해주어서 단지가 운용은 되고 있지만 기획만큼 경기가 좋지 않다며 걱정을 하였다. 역시 택시기사 아저씨는 가는 곳마다 정보제공자 겸 안내자 역할을 톡톡히 한다.

특별히 아는 곳도 없고 정한 곳도 없으므로 유통단지 전자관에 들어서서 휙 돌아보다가 그 중 규모가 조금 커 보이고 친절한 곳으로 들어갔다. 전자기구에 대해서는 미국에 있을 때 인터넷을 통해 어떤 제품이 좋고 가격이 어느 정도면 적당하다는 정도의 정보만 가지고 있을 뿐이었다.

남자분이 소파로 안내하자 얼마 안 있어 후덕한 인상의 여자 분이 사장이라는 명함을 주며 다가왔다. 차를 권하면서 우리가 필요한 것이 무엇이든 전자기구는 자신의 상점에 없으면 다른 상점에서 구해서라도 주겠다며 적극성을 보였다.

전자기구 중 제일 먼저 비중을 두어야 할 것

이 텔레비전, 냉장고, 세탁기였다. 텔레비전은 결혼하면서 남편이 쓰던 작은 것을 그대로 보다 당시 미국에 있던 오빠가 결혼 한다고 보내준 텔레비전으로 바꿨다. 그러다 그 텔레비전을 미국 갈 때 배로 부쳤었다. 미국에서도 몇 년간은 잘 보다가 망가져서 삼성 텔레비전을 하나 마련했다. 그때 텔레비전 사러 갔을 때 우리가 사려는 27인치가 커서 과연 우리 차로 가져갈 수 있을까 고민하면서 샀다. 사서 주차장에 실고 가서 차에 넣으려고 보니 아니나 다를까 소형차인 우리 차에는 트렁크는 물론이고 뒷 자석에도 들어가지 않았다. 마침 텔레비전을 가져온 직원이 포장을 뜯고 넣어보라는 충고에 그렇게 해보니 뒷 자석에 들어갔다. 당시 텔레비전을 샀던 전자상은 우리 집에서 차로 한 시간쯤 걸리는 곳에 있었다. 집으로 돌아오는 내내 나는 뒷자리에 앉아서 포장을 뜯은 새 텔레비전이 차에 흔들리며 흠집이 생길까 걱정되어 한 팔로 꽉 잡고 와서 집에 와서 팔이 저려 한참 고생을 했었다.

그로부터 몇 년 후 장마철에 전기가 나갔다가 갑자기 들어오는 바람에 충격으로 텔레비전 화면이 위아래로 줄어들게 보였다. 그래서 새 텔레비전을 사려고 했다. 당시에 삼성 텔레비전이 너무 비싸서 집에서 가까운 마트에서 특별세일하는 중국 텔레비전을 하나 사왔다. 이때도 물론 포장을 풀고 차에 넣어야만 했다. 그런데 당시 중국제조 기술이 그런 건지 텔레비전을 설치하는 데 이상한 렌즈가 들어 있었다. 케이블을 시청하자면 그 렌즈에 주파수가 맞아야만 텔레비전을 볼 수가 있는 거였다. 당시로는 조립기술이나 설치기술이 상당 수준에 올랐던 남편도 한 시간을 절절매며 설치를 하긴 했는데 렌즈를 조금만 움직이면 다시 또 조정을 해야 하는 복잡미묘한 텔레비전에 질려서 그냥 화면이 잘리는 텔레비전이 낫다하고는 반품을 했던 일도 있었다. 그 위아래로 잘린 텔레비전은 한국에 올 때까지 잘 보다가 나중에 가재도구 처분할 때 한국에서 온지 얼마 안 된다던 학생이 탐을 내기에 그냥 가져가라고 했다.

그 렌즈 이야기를 하며 낄낄거리던 아이와 나는 유통단지 전자상에 진열된 뒤통수가 툭 튀어 나온 텔레비전이 아니라 얇고 날씬한 모양의 잘 빠진 텔레비전을 보고 한눈에 반했다. 그래서 화면이 별로 크진 않지만 얇은 텔레비전을 하나 골랐다.

미국의 아파트에는 냉장고가 설치되어 있다. 그러니 내가 원하는 것이 아니고 크기나 성능도 각각이다. 제 기능을 하는 한 조금 이상이 있어도 웬만해서 바꿔주지 않는 것이 냉장고다. 그러자니 크기도 크지 않고 어떤 냉장고는 성능이 너무 약해서 김치가 너무 익거나 어떤 냉장고는 성능이 너무 강해서 때로는 냉장고 속 깊은 곳에 넣어두면 수박이나 과일이 얼기도 한다. 한국에서 갈 때 가져간 된장은 냉장고에 보관해야 하는 것이었다. 그러니 작은 냉장고에 된장하고 김치 넣으면 과일이나 채소는 넣기도 힘들었다. 별수 없이 가자마자 작은 냉동고를 하나 장만해서 된장이나 냉동해서 둘 것들은 거기 보관해야만 그나마 과일이나 채소를 마음 놓고 먹을 수 있었다.

샌프란시스코 외곽 월넛크릭에 살 때 이사 갔던 연립주택은 냉장고가 없었다. 학군이나 생활여건이 무척 좋아 임대하는 집이 많지 않을 때였다. 집주인에게 냉장고를 설치해달라고 말하면 임대를 하지 않겠다고 배짱을 부릴 기세였다. 마침 전에 살던 사람이 자신이 쓰던 냉장고를 팔고 가겠다고 했다. 10년 이상 되었지만 기능이 아주 좋다는 옅은 녹색의 양문형 냉장고는 그 집에 설치된 옅은 녹색의 바와 아주 잘 어울렸다. 양문형 냉장고도 그때 처음 써보는데 가격도 40불이면 너무 저렴했다. 그래서 그때 처음 중고지만 양문형의 냉장고를 갖게 되었다. 시간이 나면 수시로 닦아서 반질반질하던 냉장고는 돌아올 때까지 기능을 잘 발휘하다가 재활용센터에 기부하고 왔었다.

미국에서 쓰던 크기의 작은 양문형 냉장고를 골랐다. 미국에서 비디오로 드라마 볼 때마다 도대체 왜 김치 냉장고가 필요한가 했었는데 친정언니와 전화 통화를 하고는 김치냉장고도 마련하기로 했다. 친정언니는 일

년 내내 넣어 두어도 맛에 별 변화가 없는 김치냉장고가 얼마나 필요한가를 역설했었고 살아보니 정말 꼭 필요한 것이었다.

　미국에서 제일 힘들었던 게 빨래였다. 처음 대학 기숙사에 살 때는 동전 넣는 세탁기를 사용했었는데 동전세탁기 사용이 처음인데다가 그곳이 더운 지역이라 벌레나 곤충이 많아서 여러 사람이 같은 세탁기를 사용한다는 것이 꽤히 지저분한 것 같았다. 거기다 빨래가 되는 동안 기다리는 시간도 지루하고 혹시 빨래하는 동안 잠깐 어디 갔다 오면 누군가 우리 빨래를 대충 담아 내놓고 빨래를 돌리기도 해서 기분이 좋지 않았다.

　그래서 처음 일 년 동안은 손빨래를 했다. 속옷이나 부피가 작은 빨래는 괜찮은데 청바지나 두꺼운 옷들은 빨래하기 전에 큰마음을 먹지 않으면 힘들었다. 거기다 빨래를 해도 널어 둘 곳도 마땅치 않았다.

　한 일 년쯤 지나자 손빨래 때문에 벌어진 어깨가 더 떡 벌어지고 팔뚝에 살이 붙기도 하고 꾀가 나서 다시 동전 세탁기를 이용했다. 그러면서도 동전을 아끼려고 무리하게 빨래를 많이 넣으면 건조가 잘 안되서 빨래를 가져와 집안 여기저기 널어놓고 말려하는 불편을 겪어야만 했다. 거기다 한국에서 가져온 속옷들은 건조기 안에서 다 줄어들고 말았다.

　그래서 보스턴에 이사 갔을 때는 큰 마음먹고 세탁기를 사기로 했다. 그때도 제일 작은 세탁기를 하나 샀는데 역시나 차에 들어가지를 않았다. 포장을 뜯고 여러 방법을 동원해 보아도 소용이 없었다. 그래서 할 수 없이 그 자리에서 반품하고 말았다. 반품하고 돌아오는 차 안에서 나도 모르게 눈물이 줄줄 나왔다. 아마 당시 처음 이사 갔을 때라 낯설기도 했었고 그동안의 이국생활에 지치기도 했던 것 같다. 내가 눈물을 줄줄 흘리자 남편은 당황해 하며 차를 빌려서 다시 사러가자고 했지만 그러려면 비용이 너무 많이 들었다. 돌아오자 남편은 여기저기 수소문하더니 중고 전기기구상을 발견했고 거기서 배달까지 해준다는 것을 알게 되었다. 그래서 한달음에 달려가 중고 세탁기를 하나 배달해달라고 하고는 의기양양하게 집으로 돌아오던 남편을 생각하면 지금도 눈물이 핑 돈다. 그 중고 세탁기가 배달되어 와서 기사가 설치하고 시험세탁을 해주고 돌아가고 나자 세상의 그 어떤 부자도 부럽지 않았다. 아파트에 설치할 곳도 없어 부엌 싱크대 옆에 설치하고 배수도 싱크대로 해야 했지만 얼마나 요긴하게 사용했던지 같은 아파트 단지에 살던 외국친구들은 우리 집에 왔다가 세탁기를 발견하면 너무나 부러워했었다.

그 후에 이사 갔을 때는 무빙세일에서 만난 중고 세탁기 주인이 자신의 트럭으로 배달까지 해주어 요긴하게 잘 쓰다가 무빙세일로 처분을 하고 왔다.

각양각색의 세탁기를 돌아보자니 보스턴 생각이 나서 잠깐 울컥해졌다. 그때 세탁기를 반품하고 돌아서는데 왜 그렇게 서럽던지, 또 중고 세탁기 하나 들여 놓고는 세상의 그 어떤 부자도 부럽지 않았었는데 이제는 이렇게 화려하고 좋은 세탁기를 아무런 감동 없이 당연한 듯이 고르고 있다니 인간이란 얼마나 간사한 것인지 하는 생각이 들었다.

전자기구상 여사장님은 내가 별 망설임 없이 한 번 보고 물건을 바로 고르니 무척 놀라는 것 같았다. 특히 그 사장님은 내 서울 말투 때문에 처음에는 좀 경계한 것 같았다. 까다롭게 이것저것 다 묻고 곧 살 듯 하다가도 돌아서는 손님이 허다한데 그 많은 품목을 사면서 상표와 모델을 보고는 사장님의 설명 한 번에 바로 선택을 하니 자신이 편하기도 하지만 신기하기도 한 것 같았다.

사람이 살아가는데 왜 그렇게 필요한 것이 많은 것인지 더구나 온갖 전자기기가 개발되고 그 편리함을 안 이상 쉽게 예전으로 돌아가 불편하게 살자고 마음먹게 되지가 않았다.

에어컨은 그때가 2월이라 살 생각이 없었는데 그 사장님이 다른 건 몰라도 에어컨은 대구에 사는 한 필수이고 더구나 미리 사놓지 않으면 여름에는 사기도 힘들다고 하도 역설을 하여서 사는 김에 사기로 했다. 그리고 정말 그 여름 사장님 말이 진실이었음을 몸으로 겪어야만 했다.

전기압력밥솥에 커피메이커, 청소기, 믹서기 등등 생활에 필요한 모든 전자기기를 사고 아파트 입주하는 다음날 배달해주기로 약속을 했다. 사장님은 너무 수월하게 많은 품목을 사주어 고맙다고 가격을 저렴하게 해주고도 사은품으로 그릇세트를 두 개나 주어서 그렇지 않아도 부족하던 그릇걱정은 덜게 해주었다.

물론 여러 품목을 한꺼번에 사니 그렇기도 하겠지만 전자기구상 사장님은 배포도 클 뿐 아니라 벌써 내 마음의 반은 다 읽고 있는 것 같았다. 자신이 한 상품을 추천했다가 내가 다른 의견을 제시하면 바로 그에 맞는 상품을 보여줄 뿐 아니라 가격조정을 할 때도 더 이상의 밀고 당기는 시간낭비를 하지 않게 하는 아주 탁월한 재주를 가진 분이었다. 그래서 정말 장사도 타고 나야 하지 아무나 하는 게 아니구나 하는 생각이 다시 한 번 들었다.

하긴 일제 강점기에 부산이 항구를 중심으로 영남의 큰 상권으로 자리잡기 전까지는 대구가 영남에서 가장 큰 상권이었고 물류의 중심이어서 거상들이 많았다고 하더니 그 후손들의 대표적인 사람이 그 전자기구상 사장님 같은 분이지 않은가 하는 생각도 들었다.

다음으로 그 위층으로 올라가서 컴퓨터를 골라야 했다.
내가 컴퓨터를 처음 만지게 된 건 1980년대 초반 대학 졸업 후 취직한 직장에서였다. 당시는 컴퓨터가 타자기의 역할을 대신 하는 정도였다. 그 당시에는 타자기에서 오타가 나면 문서를 버리거나 지우다가 문서가 찢어지기도 해서 불편했었는데 컴퓨터가 나와 문서를 치다가 오타가 나면 바로 수정이 가능해서 너무 신기해 문서를 처리해주는 여직원이 따로 있음에도 불구하고 신기해서 내 문서는 내가 작성할 정도였다.

그러다 대학원에 진학해서는 한동안 컴퓨터에 대해 까맣게 잊고 있다가 대학원 졸업 후 취업한 연구소에서 다시 컴퓨터를 보게 되었다. 그때만 해도 프로그램도 짜고 처음 직장에서 사용할 때보다 여러 가지 기능이 많이 개발되었을 때였다. 그러다 결혼으로 직장을 그만두고는 집에서 컴퓨터를 구입하기에는 너무 비싸서 워드프로세서를 하나 장만했었다. 워드프로세서로 번역 아르바이트도 하고 잘 이용하다 미국까지 가져가 친정엄마, 언니에게 편지 쓸 때 애용했다.

처음 미국 가서 생활이 조금 안정되고 나서 유일한 소일거리가 친정엄마, 언니에게 편지를 쓰는 일이었다. 한번 워드프로세서에 앉으면 두세 시간은 쉽게 지나갔다. 게다가 한글학교 선생님 일을 하게 되면서 교안을 짜는 데 이용하기도 하니 워드프로세서 앞에 앉는 시간이 점점 길어졌다. 그러자 당시 두 살 반이던 아이는 옆에서 혼자 놀다가 심심해지면 내 무릎에 올라와 워드프로세서를 뚱땅거리며 내 작업을 방해했다. 하도 방해가 심해서 큰 마음먹고 장난감 가게에서 비슷한 모양의 타자기를 하나 사주었다. 며칠은 그 장난감 타자기를 내 옆에 놓고 치더니 며칠 지나자 다시 워드프로세서로 달려들만큼 내가 애용했던 기계였다.

대학기숙사에 살 때 외국인 친구들이 우리 기숙사를 방문했다가는 워드프로세서를 보면 너무나 신기해했다. 그 후 워드프로세서가 고장 나서 중고 컴퓨터를 하나 장만해서 요긴하게 잘 썼다. 하지만 용량이 부족해 인터넷을 연결할 수는 없는 것이었다. 인터넷이 보급되기 시작할 무렵에는 집에서는 인터넷이 안 되어 동네 도서관에서 이용해야만 했다.

그러다 샌프란시스코 외곽으로 이사를 가면서 산호세에서 교포가 운영하는 가게에서 인터넷 연결이 가능한 컴퓨터를 구입했다. 우리가 사는 동네 미국 컴퓨터 가게에서 사면 더 저렴하게 구입할 수 있었지만 그러자면 따로 또 한글프로그램을 구입해야 하고 여러 가지로 불편했다. 그래서 집에서 한 시간 반이나 걸리는 곳으로 가서 설명을 듣고 집에 가져와(다행히 컴퓨터는 텔레비전보다는 크기가 작아서 우리 차에도 들어갔다. 하지만 당시에는 모니터가 뒤통수가 툭 튀어 나온 것이라 포장은 뜯지 않아도 되었지만 가까스로 차에 들어갔다) 설치했다. 그때도 컴퓨터 설치하는 일이 처음에는 쉽지 않은 일이었지만 시간이 가면서 남편은 그것도 쉽게 척척하게 되었다.

그 컴퓨터가 바이러스를 먹기도 하고 업그레이드 해야 하는 등등으로 몇 번인가 컴퓨터를 들고 산호세 컴퓨터 가게를 다녀왔다. 그런데 거기서 사는 프로그램들이 거의 정품이 아니다 보니 언제부터인가 업그레이드를 하려면 정품이 아니라 안 된다는 안내창이 떴다. 그럴 때마다 컴퓨터 가게에 전화를 걸어 전화기를 들고 기사가 가르쳐 주는 대로 컴퓨터 하드에 들어가 암호문 풀듯이 프로그램을 설치해야만 하던 때도 있었다. 그 컴퓨터는 미국에서 버릴 때도 유해물질 처리 비용까지 물어야 했다. 남편이 쓰던 노트북은 중국에서 조립한 조악한 것이었는데 가격도 저렴하고 그저 혼자 쓰기에 편해서 쓰던 것인데 그걸 그냥 가져왔다.

우리에게 필요한 건 집에서 쓸 컴퓨터와 아이의 교육용 컴퓨터였다. 남편은 가져온 노트북을 당분간 그대로 사용하기로 했다.

컴퓨터 가게를 몇 군데 살펴보다가 그저 규모가 커 보이는 가게로 들어갔다. 큰 회사 대리점이었던 가게의 대리점장이 별 관심 없이 마치 몇 가지 물어보고 가겠지 하는 얼굴로 우리 물음에 무성의하게 답변을 했다.

하지만 이야기가 진전되자 대리점장의 태도가 변하기 시작했다. 그냥 묻기만 하고 사지 않을 것 같은 뜨내기손님인지 알았다가 사려는 의사가 확실하다고 판단을 내린 순간 적극적으로 상품에 대해서 설명도 하고 제안도 하였다. 미국에서는 아이도 그냥 집 컴퓨터로 숙제도 하고 검색도 하는 등 컴퓨터를 같이 사용했었다. 하지만 이제는 개인 학습용으로 교육방송도 시청하고 숙제에 사용하는 등 아이에게도 개인용으로 컴퓨터가 필요했다. 대리점장이 무난하다고 추천한 컴퓨터와 아이의 교육용 노트북을 하나 골랐다.

처음에는 그저 마지못해 답이나 하던 대리점장은 어느 순간 태도가 바뀌며 적극적이고 친절하게 대해 주었다. 그러면서 우리가 아직 한국 컴퓨터 환경(컴퓨터 프로그램이나 용어 등 사용 환경)에 대해 익숙하지 않다는 걸 알고는 명함을 주면서 나중에 배달된 컴퓨터를 사용하다가 의문사항이 있으면 언제든지 전화하라는 당부를 잊지 않았다.

정말 그 대리점장의 약속은 틀리지 않았다. 몇 가지 기능이 미국에서 사용하던 컴퓨터와 달랐다. 그럴 때 전화하면 특히 내가 말하는 미국에서의 사용하던 방법을 이야기 하면 그건 이렇게 하라는 식으로 상세하게 설명해주었다. 컴퓨터는 확실히 미국보다 한국이 기술개발이 앞서 있어서 그런지 처음 사용할 때는 종종 난관에 부딪쳤지만 그때마다 대리점장님은 해결사처럼 친절하게 설명을 해주었다. 처음에 대리점에 들어섰을 때 대리점장님이 무성의하고 퉁명스러워 곧 다른 곳으로 갈까 하다가 그냥 구매를 하였는데 그 후 사후관리를 철저히 해주어서 오히려 팔 때만 친절하고 나중에는 태도가 변하는 보통의 상인들과는 다른 태도의 그 컴퓨터 대리점장님은 시간이 흐를수록 더 믿음이 가는 사람이었다.

그렇게 하루 온종일 돌아다녀서 가구와 전자기구, 컴퓨터 구입을 마칠 수 있었다. 미국에서의 쇼핑은 그 날의 쇼핑과는 사뭇 달랐다. 미국에서는 언제 또 어디로 이사 갈지 모른다는 생각에 무엇을 사던 제일 먼저 고려해야 할 것이 내가 영구히 소장한다는 생각보다는 싸고 운반하기 쉽고 편하게 쓰다가 언제 남에게 팔거나 주거나 버리더라도 아깝지 않을 것을 구입하는 것이었다.

하지만 대구에서는 상황이 달랐다. 물론 가격도 고려 대상이긴 했지만 이제는 별 고장이나 불편함이 없다면 오랫동안 소유할 수 있는 물건을 구입하는 것이 최우선의 고려 사항이었다. 물건 하나하나 고를 때마다 그 물건이 미국에서 내게 주었던 추억과 얽힌 이야기들이 생각나 아이와 킬킬거리기도 하고 나도 모르게 눈물이 솟구치는 건 잊을 수 없었던 지난날들이 있었기 때문이리라….

그렇게 가재도구를 구하느라 대구에 도착한 다음날 하루 내내 많은 대구의 대표적 상인들을 만났다. 물론 판매자와 소비자라는 한계를 가진 관계 속에서의 만남이었지만 그 날 만난 사람들은 내게 "아 정말 이제는 외국이 아니라 내 나라에 돌아왔구나" 하는 느낌이 들게 하는 사람들이었다.

피곤한 몸을 이끌고 호텔로 돌아오면서 다음날 날이 밝으면 빨간 캐시밀론 이불과 좁은 호텔방을 뒤로 하고 남편이 계약한, 앞으로 우리 식구를 보듬어 줄 아파트로 입주하는구나 하는 생각을 하니 좁고 답답한 호텔방도 그런대로 견딜만 했다.

그날 저녁 호텔 주변 식당에서 저녁을 먹고 맥주와 간식거리를 사다가 호텔방 침대 위에서 우리 가족이 시간이 있으면 같이 시간을 보내는 언제나처럼 코미디 프로를 틀어놓고 맥주를 마시며 킬킬거리며 그 날 만났던 사람들, 물건들에 대해 소회를 토로하느라 밤이 깊어가는 줄도 몰랐다.

Ⅲ. 시장풍경
(시장에서 만난 사람들)

1. 110동 609호
(아파트 주변사람들)

남편이 계약한 아파트는 단지규모가 제법 큰 아파트였다. 유동인구가 많고 생활여건이 잘 갖추어져서 그런지 아파트를 구하기가 힘들었다고 할 정도였다. 미국에서 살다 돌아와 대구 지리도 잘 모르는데 복잡한 운전을 하거나 차를 타기보다 걸어서 직장을 갈 수 있다는 이유 하나로 구한 아파트였다. 남들은 아이의 학군을 최우선으로 생각해 집을 구하라고 했지만 아이의 적응이 중요하지 학군이 중요하지 않다는 생각으로 내린 결단이었다.

미국으로 떠나기 전 남편이 진학하기로 한 대학 기숙사 전경이 담긴 팸플릿을 보았다. 당시 조그만 아파트 생활에 진력이 나있던 때였다. 그리 규모가 크진 않았지만 어린이 놀이터, 농구코트, 생활체육시설 등을 보고 "저 푸른 초원 위에 그림 같은" 기숙사가 있고 아마도 아이는 푸른 초원을 마구 뛰며 마음껏 놀 수 있으리라는 상상을 했었다. 하지만 막상 도착한 대학기숙사는 대로변에

8층짜리 건물 하나가 덜렁 세워진 것이었다. 거기다 안전이 문제되어 기숙사 출입도 카드가 있어야만 가능했다.

물론 사진에서처럼 기숙사 건물로 들어서면 뒤편에 놀이터도 있고 농구코트도 있었지만 기숙사 어디에도 푸른 초원은 없었고 그림 같은 기숙사도 없었다. 회색빛의 낡고 음울한 색깔의 건물인 기숙사는 누런 우중충한 나무 빛깔의 낡은 현관문을 열고 각자의 집으로 들어서면 작은 부엌과 거실이 있고 복도를 따라가면 방 두 개, 마지막 욕실 겸 화장실이 전부였다. 진회색빛의 카펫은 색이 바랜 건지 더러워진 건지 군데군데 담배자국도 있고 개가 물어뜯은 자국도 있었다. 부엌 장은 너덜너덜한 나무판이 흔들거리고 오븐은 1950년도부터 썼음직한 낡은 것이었다.

그때도 학교에서 떨어져 조금 외곽으로 나가면 기숙사 비용으로 푸른 초원은 없어도 제법 깨끗하고 새로 지어진 아파트를 구할 수는 있었지만 당시 공부할 시간을 확보하는 것이 최우선인 남편 때문에 바퀴벌레가 우글거리는 그 기숙사에 살 수밖에 없었다. 게다가 무척 더운 그 지역 날씨 때문에 그나마 있는 놀이터도 한낮에는 아이가 뛰어 놀 수 없는 그런 곳이었다.

오랜 시간 비행에 지치고 그 더운 날씨에 남편이 값을 흥정한 에어컨 하나 없이 먼지가 잔뜩 낀 조그만 선풍기가 혁혁거리는 낡은 택시를 타고 공장지대를 달려 도착한 기숙사를 보는 순간, 한국에서 했던 상상이 무참히 무너져 내림을 생각할 겨를도 없이 짐을 끌어 내리고 어눌한 중동계 조교의 인사말을 들으며 무참한 현실에 긴장했던 미국에서 처음 살았던 대학 기숙사. 그것이 성냥갑만 한 한국의 아파트를 벗어나 처음 경험한 미국의 주거환경이었다.

그 후 다른 도시로 이사 갈 때마다 조금씩 다르긴 하지만 그만그만한 아파트에 살았다. 학생이거나 아니거나 외국인인 우리 경제력에 임대할 수 있는 아파트 수준은 외양만 조금 다를 뿐 비슷비슷했다. 그곳에서 우리가 아파트를 구할 때 최우선으로 고려할 사항은 치안이 안전할 것, 가격이 저렴할 것, 남편이 차 없이 걷거나 대중교통수단으로 이동할 수 있는 곳일 것이었다. 그 후 아이가 초등학교를 다니기 시작하고부터는 아이의 학군도 고려사항이었다.

차가 한 대였던 우리는 평일에는 내가 운전을 해서 남편을 가까운 대중교통수단이 있는 곳에 태워다 주고 집에 올 때도 태우러 가고 나머지 시간에 아이 학교에 태워주고 쇼핑을 가거나 일을 보는 등으로 생활을 해야 해서 대중교통이 발달하지 않은 미국에서 늘 그런 지역에 아파트를 구한다는 건 쉽지 않았다.

미국 가기 전 상상했던 "저 푸른 초원 위에 그림 같은 집"과 거의 유사한 아파트를 딱 한 번 살아보았다. 보스턴에 이사 갔을 때였다. 당시 아파트를 구하기가 힘들어 수소문 끝에 알게 된 단지였다. 제법 큰 아파트 단지로 학생과 외국인 연구자들이 주로 모여 사는 학군도 좋은 중산층 동네였다.

대로에서부터 아파트들이 타원형 모양으로 지어져 있고 그 원 안에는 푸른 잔디가 펼쳐져 있었다. 아파트들마다 내부 구조가 달랐는데 대체로 이층으로 아래층은 부엌과 거실이, 이층에는 방 두 개 욕실 겸 화장실이 있었다.

거실 뒷문을 열면 거기에 또 푸른 초원이 넓게 펼쳐지고 나무가 우거져 있고 그 나무숲을 조금 지나면 바로 아이의 학교가 있었다. 우리가 집을 얻으러 보러간 날 우리가 본 아파트는 대로에서 제일 멀리 떨어져서 지대가 높아 아파트 이층 창으로 보면 앞마당이 넓은 잔디밭, 뒤로 돌아서면 뒷마당이 넓은 잔디밭으로 펼쳐져 있었다. 거실 뒷문을 열고 잔디밭 위로 각자 아파트용으로 배당된 조그만 마당에 바베큐도 할 수 있고 꽃나무나 채소도 심을 수 있었다.

그 아파트 단지는 우리가 생각한 임대료보다 조금 비싼 것이었지만 우리가 아파트를 보러 갔을 때 앞 잔디밭에서 뛰어노는 한 무리의 아이들과 거실 문을 열자 보이던 아이의 학교 건물에 한눈에 반해서 무리해서 얻은 아파트였다.

당시 초등학교 1학년에 들어가야 했던 아이는 살던 동네에서 이사 간다고 심통을 부리는 중이었지만 막상 새로 이사 갈 아파트를 보자 빨리 이사 가자고 할 정도로 마음에 들어 했다. 무엇보다도 우리가 아파트를 보러 간 날 앞마당에서 무리를 지어 운동을 하던 남자아이들을 보고는 자신도 저 무리에서 놀 수 있겠다는 생각을 한 것 같았다.

그 아파트에 이사 가기 전 살았던 아파트는 현관문을 열고나서면 도로라서 아이들을 찾아보자면 학교나 공원에 가야만 했다. 그래서 아이는 늘 친구들에 굶주렸고 친구들과 가끔씩 플레이 데이트라는 집을 오가며 노는 놀이에 감질나 하던 때였다.

우여곡절 끝에 앞뒤가 잔디밭인 아파트에 살게 되었다. 처음에는 무척 신기하고 좋기만 했다. 아이는 학교가 개학하기 전 눈을 뜨면 화장실 창문으로 앞마당에 누가 나와 노는가를 살피고 방으로 들어가 방 창문으로 뒷마당을 살폈다. 그러다 한 명이라도 있으면 밥을 서둘러 먹고는 나가 놀았다. 끼니가 되면 앞마당으로 뒷마당으로 찾아야만 집에 와서 밥을 먹을 정도로 노는 일에 몰두 했다.

하지만 동그란 타원형 모양의 아파트에 사는 사람들은 거의 사생활이 없는 것처럼 서로가 서로를 힐끔거리며 감시하기에 바빴다. 그저 그만한 경제적 사정으로 모인 외국인 가정들, 주차장에서 내려 장 본 걸 들고 내리다 보면 힐끔힐끔 쳐다보며 뭔가 귓속말을 속삭이는 모습이 느껴졌다. 거기다 아파트 벽이 너무 얇아 옆집에서 하는 이야기가 마치 같은 공간에서 하는 이야기처럼 잘 들렸다. 우리가 살게 된 아파트는 운이 나쁘게도 혼자 사는 몽골계인지 우크라이나계인지 여하튼 동양계인 부유한 남학생이 오른쪽 옆집에 살게 되었다. 그 학생은 주말마다 파티를 했고 그런 날이면 새벽까지 발음을 알 수 없는 여학생 남학생들이 뒤엉켜 술을 마시고 춤을 추고 놀아서 우리는 잠을 설쳐야만 했다.

우리가 손쓸 틈도 없이 다른 집에서 벌써 경찰에 신고를 해서 경찰이 출동하기도 했지만 그때 뿐이었다. 자주 여자 친구와 싸우는지 새벽이면 소리를 지르며 병 깨지는 소리도 주례행사로 들려왔다. 왼쪽 옆집에는 일본인 가정이 살았는데 아이를 하나 키우던 그 일본인들은 우리에게 일본인이라는 인식을 바꾸어준 사람들이었다.

그때까지 우리는 일본인은 조용하고 항상 남을 먼저 배려한다는 생각을 가지고 있었는데 이 가족은 어떻게 된 것이 툭하면 현관에서 남편이 아내에게 소리를 지르며 싸웠다. 그 일본인 아내는 빨래를 하면 뒷마당 잔디밭에 있는 나무 사이에 줄을 매고 이불이며 옷들을 주렁주렁 널어 말렸다. 주차장에서 커다란 맥주박스를 일본인 남편이 들고 나타나는 날이면 어김없이 옆집에서 큰소리가 들려왔다.

잔디밭이 펼쳐진 앞마당 뒷마당은 보기에, 아이들이 뛰어 놀기에는 좋았지만 그런 잔디밭을 유지하기 위해 수시로 깎아야 하는 잔디 깎는 기계의 소음은 엄청난 것이었다. 일주일마다 한 번씩 몇 시간씩 들려오는 기계소리는 때로는 견디기 힘들 정도였다. 그때 처음으로 "저 푸른 초원 위에 그림 같은 집"은 노래가사나 상상 속에 있을 때만 아름답다는 생각을 하게 되었다.

대구의 우리 아파트는 아파트 단지 맨 끝이어서 뒤쪽은 괜찮은데 거실 창으로는 맞은 편 아파트가 가로막혀 햇볕이 잘 들지 않고 어두컴컴했다. 그 아파트도 겨우 구했다고 말을 하면서도 남편은 쉬는 날이면 거실 커튼을 걸으며 답답해했다.

아이 방 창문을 열면 바로 뒤에 아이 학교가 보였다. 학교 운동장에 아이들이 노는 모습도 보여서 쉬는 날 농구를 하러 가려면 아이는 농구대를 누가 차지했나 살펴보고 아무도 없으면 공을 들고 학교에 갈 정도로 학교가 가까웠다.

우리 아파트 동 오른쪽 옆에는 주민센터가 있어 귀국 후 처리해야 할 행정수속도 편하게 할 수 있었다. 주민센터를 지나면 길 건너 아이의 중학교, 그 옆으로 줄줄이 아이를 상대로 하는 문구점, 떡볶이 등 간이 음식을 파는 가게들이 늘어서 있었다.

아파트 앞쪽으로 나오면 몇 개의 동을 지나서 상가가 나오고 상가를 가로 지르면 바로 동네시장이 있었다. 아파트 왼쪽 옆으로는 초등학교가 있고 그 옆으로 이어지는 문구점이며 아이들을 상대로 하는 조그만 가게들, 거길 지나고 나면 음식점들이 늘어서는 제법 유동인구가 많은 번잡한 곳에 아파트단지가 형성되어 있었다.

엘리베이터에서 내리면 우리 집과 바로 옆집이 붙어 있었다. 옆집은 젊은 부부였는데 부인이 예의가 바른 사람이었다. 그 남편과는 간혹 눈인사만 했지만 부인은 이사 왔냐고 다정하게 물으며 자신들은 맞벌이 부부라서 집에 있는 날이 드물고 아이가 시댁에 있어 주말이면 아이 보러 가고 가끔은 아이를 집에 데려오기도 한다고 묻지도 않는 말을 해주었다. 하지만 그 후로는 그저 눈인사만 할 뿐 더 이상의 친분은 이어지지 않았다.

이사 와서 신기했던 것은 그 아파트 단지에 사는 아이들이 예의가 무척 바르다는 거였다. 엘리베이터에 같이 타면 아이들은 먼저 고개를 꾸벅 숙이며 특유의 대구 억양으로 "안녕하세요!"를 크게 외쳤다. 미국 가기 전에도 아파트 생활을 했지만 그런 아이들은 드물었다. 간혹 방문하는 다른 도시의 아파트에서도 그런 아이들은 없었다. 할머니나 할아버지와 사는 아이들이 많아서인지 학교에서 교육을 시킨 것인지 아이들은 엘리베이터에서 만나면 꼭 큰소리로 인사를 했다.

그 중 한 꼬마 녀석을 저녁 무렵 시장을 다녀오는 길이면 자주 만났다. 초등학교 2학년이라던 녀석은 꼭 손에 떡볶이나 아이스크림 등 간식거리를 들고 엘리베이터에 탔다가 나를 발견하면 인사를 했다. 먹는 바쁜 입 사이로 내가 물으면 시원시원하게 대답도 잘했다.

"어디 다녀오니?"
"영어학원에요."
"그럼 오늘은 학원 다 갔다 온 거야?" 하고 물으면
"아니에요. 저녁 먹고 또 태권도 학원에 가야 해요."라면서 입을 오물거리며 간식을 먹었다.

그 녀석은 남편과도 가끔 길에서 만나 같이 엘리베이터를 타고 오는 모양 이었다. 남편도 녀석을 만나면 이것저것 묻고는 하는데 그럴 때마다 녀석은 아주 예의 바르게 대답을 잘한다는 것이다. 그 녀석은 우리 저녁 식탁 대화에 한 번씩은 등장하던 우리 가족에게는 유명 인사였다.

아이의 교육을 중학교 3학년이 되어서야 처음으로 대구에서 시키게 되었던 우리 가족에게 늘 이 학원 저 학원으로 바쁜 일정을 보내는 아파트 단지 내의 초등학교 아이들의 생활은 신기하기만 한 것이었다.

미국에서의 초등학교 학생들의 생활은 자신들이 좋아하는 운동이 있어 운동 팀에 가입해 운동연습을 하거나 특별한 소질이 있어 예술교육을 받는 경우를 제외하고는 학원을 간다든가 과외를 하는 경우는 드물었다.

아이는 초등학교 1학년 때부터 클래식기타를 과외수업으로 받았다. 그것도 우리부부가 시킨 것이 아니라 아이가 원해서였다. 초등학교 1학년 어느 날 아이가 집에 돌아와 피아노 교습을 시켜 달라고 했다. 이유를 물으니 학교에서 장기자랑을 했는데 자기 친구가 멋진 피아노곡을 연주하더라면서 자신도 다음 장기자랑에서는 친구들 앞에서 피아노 연주를 하고 싶다는 거였다. 아이는 어려서부터 남 앞에 나서는 걸 무척 좋아했다. 아이의 천성이 그런 걸 억지로 말릴 수는 없었다.

그래서 이곳저곳에 피아노 레슨을 알아보았다. 한결 같은 대답이 집에 피아노가 없으면 레슨효과가 없다는 거였다. 우리 형편에 피아노를 사는 건 불가능했다. 그러자 아이가 대안으로 바이올린을 배우면 어떠냐는 거였다. 바이올린도 비쌌지만 그건 경제적으로 어려운 가정에는 일 년 단위로 시에서 대여를 해준다고 했다. 하지만 바이올린 수업을 받기 위해서는 개인 레슨으로 할 것인지 학원으로 갈 것인지 등등 여러 가지로 절차가 까다로웠다. 그때 아이가 갑자기 집에 아빠가 치는 클래식 기타가 있는 걸 생각해 내고는 클래식 기타를 배우겠다는 거였다. 그래서 시에서 운영하는 예술학원에 알아보니 우리처럼 소득이 적은 가정에는 일부 장학금까지 보조해주며 레슨을 시켜주었다. 당시 미국에서는 예술 교육이 아이들의 인성이나 학업에 도움을 준다고 전국적으로 예술, 특히 악기를 배우려는 학생들에게는 시에서 보조를 많이 해주었다.

그렇게 아이가 강력하게 원해서 하게 된 클래식 기타레슨이었지만 기타를 가르치는 선생님은 마치 친구 같이 일주일에 한 번 30분간 만나는데 레슨은 10분 정도만 하고 나머지 20분은 아이와 아이가 좋아하는 운동이야기, 학교 생활이야기로 시간을 보냈다.

그렇게 아이가 초등학교 동안 한 과외활동이라고는 기타레슨에 팀 운동이 전부였다. 그래서 학교에 다녀와 숙제를 하고 동네아이들과 놀고 일주일에 한 번 기타레슨, 일주일에 두 번이나 한 번 하는 팀운동연습(그것도 팀운동이 있는 계절에만)을 하고 나머지 시간은 매일하는 한글공부 이삼십 분을 하고는 텔레비전을 봤다. 당시 우리는 케이블 방송을 신청하지 않아 텔레비전도 저녁 무렵이면 아이가 볼 수 있는 프로가 없었다. 그러니 자연스레 아이는 책을 읽게 되었고 그렇게 책을 읽는 것이 습관이 되다보니 어떤 때는 아이 스스로가 책에 빠져 텔레비전 보는 시간에도 책을 읽거나 자신이 읽는 책이 동네 도서관에 없으면 책을 빌리러 차로 삼십 분 이상 떨어진 다른 동네 도서관까지 가자고 할 정도로 책 읽는 재미에 푹 빠졌었다.

그렇게 초중등학생시절을 보낸 아이를 보다가 매일같이 바쁘게 집과 학교와 학원을 드나드는 아이들을 보니 신기하기도 하고 안쓰럽기도 했다.

아파트 단지가 커서 그런지 단지 내에 경로당과 독서실, 어린이집이 붙어 있었다. 경로당은 아파트 부녀회가 활성화 되어서 그런지 수시로 행사를 많이 하고 행사를 하기 이삼일 전이면 아파트 주민인 부녀회원들이 경로당 앞에 모여 앉아 김치도 담고 나물도 하고 전도 부치고 시끌벅적했다. 커다란 플라스틱 통에 배추와 무를 담아 한 쪽에서 호수로 물을 뿌리면 소매를 말아 올린 두 명의 아주머니가 달려들어 배추와 무를 쓱쓱 씻어대면서 연신 뭔가를 열심히 이야기 하는 모습을 볼 수 있었다. 그럴때면 아직도 삭막한 도시에서 이런 모습을 볼 수 있다는 것이 마음을 푸근하게 했다.

아파트 단지 내에 독서실이 있는 건 좀 의아했다. 요즈음은 아이들을 많이 낳지 않아 대체로 아이들이 각자 방이 있을 텐데 집안에 좋은 공부방 놔두고 왜 또 독서실이라는 곳에 모여야 하는지 의아했지만 유난히 노인 인구가 많았던 그 아파트의 구성원들이나 또 아이들 습관이 친구들이 공부하는 모습을 보아야만 공부가 된다는 아이의 친구들 이야기를 전해 듣고 보면 전혀 이해 못할 일도 아니었다.

단지가 크다 보니 잡다한 일이 많아서 그랬는지 우리 동과 옆 두 동을 같이 관리하던 경비아저씨는 조금 불친절한 분이었다. 늘 불만스러운 표정에 택배를 받으러 가거나 뭔가를 물으러 가면 짜증스런 대답으로 일관하는 것이었다. 나이가 들어 일이 너무 힘들어 그런가 보다 하고 이해를 하기도 했지만 늘 그런 표정의 아저씨를 보는 건 그리 유쾌한 일은 아니었다.

그럼에도 불구하고 그 경비아저씨의 장점 중 하나는 부지런함이었다. 당시 아파트에서 음식물 쓰레기는 오후 5시부터 오전 9시까지만 버릴 수 있게 되어 있었다. 김치를 담거나 특별히 음식물 쓰레기가 많이 생겨 낮에도 버려야 하는 부득이한 경우에는 불편하기도 한 규정이었지만 그래도 그렇게 음식물 쓰레기를 오전 9시쯤 수거해 가고 나면 음식물 쓰레기통을 깨끗이 씻고 엎어서 말려 두었다. 오후 5시쯤 다시 쓰레기를 버릴 수 있게 되어 처음으로 쓰레기통을 열어 보면 보송보송하고 깨끗하게 말려진 쓰레기통에 음식물 쓰레기를 버리기가 미안할 지경이었다. 그렇게 부지런하게 움직이는 탓이었을까 그 경비 아저씨의 표정은 언제나 어둡고 짜증스러워 보였다.

반면에 경로당 쪽으로 가는 길에 있는 아파트를 관리하던 아저씨는 무척 친절했다. 시장을 가거나 아파트 외부로 가자면 대개 그 길을 이용해야만 했는데 하루에 몇 번을 보더라도 웃는 얼굴로 인사를 하는 정도였다.

어느 정도 안면이 트이자 눈이 마주쳐 인사를 하면
"날씨가 참 좋지 예, 어디 가십니꺼" 하고 정답게 인사를 하거나
시장을 다녀오는 길에 손에 무거운 걸 들고 있으면 으레
"무신 장을 그래 많이 보십니꺼 힘들구로" 하기도 하고
"조까지 좀 들어 들일까예" 하며 말을 걸어 올 정도로 붙임성이 있었다.

한번은 시장을 가다보니 아마도 그 단지에 재활용 쓰레기를 수거해 가는 아주머니와 다른 쓰레기를 수거하는 아저씨가 싸움을 하는 것 같았다. 언성도 높아지고 무척 싸움이 격해지는 듯 했는데 그 경비아저씨가 중간에 끼어들어 말리면서
"다 같이 살기 어려운 형편에 조금씩 이해하고 양보해야지, 와들 이라노"
하면서 다독거리는 모습을 볼 수 있었다. 물론 아저씨 탓에 싸움이 끝난 건 아니지만 더 이상 싸워봐야 좋을 게 없다는 판단이었는지 이내 싸움은 끝이 났다. 그 과정의 아저씨 행동처럼 아저씨는 언제나 느긋하고 낙관

적인 모습이었다. 추우면 추운대로 더우면 더운대로 재활용 쓰레기 정리하랴 주차 때문에(그 아파트는 지하 주차장도 있었지만 단지와 시장이 가까워 그런지 불법주차차량 때문에 차량 관리를 엄격히 해도 항상 시끄러웠다) 큰소리가 나도 늘 웃는 모습이었다.

시장을 오가며 외부로 나가기 위해 오가며 마주치는 아저씨와 눈인사를 하거나 이런저런 인사를 나누며 헤어지는 일은 무척 기분 좋은 일이었다.

2. 그릇가게 아저씨

호텔에서 택시를 타고 우리 아파트로 들어서
자 아파트를 한 바퀴 둘러보고는 가방에 있는 짐
을 풀기 시작했다. 남편이 아파트 계약을 할 때 부
동산 중개사의 소개로 아파트 이사청소를 전담하
는 사람을 소개 받아 우리가 입주하기 전 미리 아
파트를 깨끗이 청소해주기로 하고 비용을 치뤄서
우리가 들어갔을 때 아파트는 깨끗했다.

방 세 개에 화장실 두 개, 부엌으로 단순한 구
조였지만 짐이 하나도 없는 아파트는 굉장히 휑
해 보였다. 13개의 가방에서 꺼낸 짐이라야 며칠
동안이라도 덮고 깔고 잘 이불과 냄비 두 개, 밥
그릇 세 개, 수저 세 개 등등의 살림도구와 한동
안 입을 옷가지와 책이 전부였다. 미국에서 배로
부친 이삿짐이 도착한다 해도 별반 달라질 건 없
었다. 짐의 반 이상이 책이었고 나머지는 그동안
입었던 옷가지(그나마도 다들 낡고 오래된 것들
이었다. 미국에서 사는 동안 입었던 옷들은 대부
분이 친정어머니나 시어머님이 철마다 보내주신
옷들이었다. 아이가 커가면서 아이 옷을 간혹 사

긴 했지만 그나마도 몇 개 되지 않았다. 그 중에서 골라 일부는 짐으로 보내고 나머지는 세탁 후 기부기관에 기부하고 말았다)와 약간의 살림살이가 전부였다. 그러니 살림에 필요한 모든 것들은 다 새로 마련해야만 했다.

그렇게 이사를 하다 보니 편한 점도 있었다. 대구에 정착하고 한 달 후에 부산 세관에 이삿짐이 도착했다고 찾으러 오라는 연락이 왔다. 세관에 도착했을 때 세관 이삿짐 신고를 하는 가족이 대여섯 가족이 되었다. 대개가 아이들 영어공부를 위해 나가 살았던 기러기 가족이거나 회사일로 파견되었다가 귀국하는 가족이었다. 체류기간도 짧게는 6개월에서 3년 정도였다. 우리 앞에 있던 가족은 6개월 정도 살고 들어오면서 자동차에 골프채 등을 들여와 신고할 것이 많아 시간이 오래 걸렸다.

우리 차례가 되어 체류기간이 13년이라는 걸 알고는 세관공무원이 놀라는 눈치였다. 그러면서 이삿짐 목록을 보더니 정말 신고할 것이 없느냐 만약 신고 안하고 몰래 들어오다가 적발되면 몇 배의 벌금을 문다는 거였다. 미국에서 이삿짐 운송계약을 하면서 운송회사로부터 누누이 들은 설명이었다. 신고할 물품은 무엇이며 신고를 안 해서 발생하는 불이익에 대해서는 자신들의 책임이 없다는 설명과 그에 대한 서면에 서명까지 한 터라 익히 잘 알고 있었다. 몇 번이고 다짐을 하며 없다는 데도 담당직원이 의아해 하는 눈치라 기어이 남편이 "신고할 물품을 살 필요가 없거나 여력이 없어 고가품을 사지 않아 신고할 물품이 없는 게 그렇게 이상한 일이냐"며 언성을 높이자 놀라며 서류에 도장을 찍어 줄 정도였다.

미국에서 짐을 정리하면서 제일 정리하길 망설였던 것들이 김치 담을 때 쓰던 커다란 플라스틱 그릇들이었다. 배추를 절이고 김치 속을 버무리기 위해서 쓰던 것들인데 한두 개는 처음 미국 갈 때 가져간 것이고 나머지는 이곳저곳 한국시장에서 사은품으로 받은 것이었다. 세월이 흘러 고춧가루 물도 배고 색깔도 바랬지만 오랫동안 손때도 묻고 정이 든 것들이었다. 하지만 그걸 배로 부치자면 부피가 커서 이삿짐비용이 훨씬 많이 들었다. 친정언니와 전화로 이삿짐 싸는 이야기를 하면서 그런 그릇이야기를 했더니 친정언니가 "그게 얼마나 한다고. 여기서도 슈퍼 새로 오픈하면 사은품으로 주기도 하고 여기서 사도 얼마 안 해. 그런 건 다 정리하고 와" 하는 이야기에 미련 없이 주변 사람들에게 나누어 주고 왔다. 그러자니 당장 부엌에서 쓸 바가지 하나, 목욕탕에서 양치할 때 쓸 컵 하나도 없었다.

이사하는 날은 자장면 먹는 날이라는 말처럼 이사를 하고 가방에 있던 짐을 풀고는 동네 중국집에서 자장면을 시켜 먹었다. 아이는 그 순간 너무 기대하며 재미있어 했다. 아이가 미국에서 즐겨 보았던 한국 시트콤에 그런 장면이 있었다. 노총각 둘이 오피스텔로 이사를 하면서 중국집 음식을 시켜먹어 보고 중국음식이 맛이 없다며 이사 잘못 왔다고 탄식하는 장면과 비디오가게 주인아저씨가 눈치가 없는 걸 알고는 이사 잘못 왔다고 투덜거리던 장면이었다. 총각인 그들에게 배고픔을 해결해 줄 배달 중국음식과 여유시간을 해결할 비디오가게처럼 중요한 건 없을 터이니 그럴 만했다. 피자 배달 말고는 인건비 때문에 웬만해서는 음식배달을 하지 않는 미국에서는 있을 수 없는 일이었다. 물론 대도시 뉴욕 같은 곳에선 중국음식 배달을 하기도 하고(시트콤이나 영화에 나오는 장면이기도 하지만) 평범한 중산층이 사는 주택가에서는 드문 일이었다. 그래서 그 장면을 보면서 이해를 못해서 길게 설명을 해주었던 기억이 있다. 그런 탓이라 아이의 기대는 대단했다.

하지만 우리가 아파트 우체통 옆 선전을 보고 시킨 중국집은 그날 바빠서 그랬는지 원래 맛이 그런 건지 배달되어 온 자장면과 짬뽕은 면은 불어 터지고 국물도 맛이 없어 아이의 기대를 무참히 배반했다. 식탁도 없어 부엌 바닥에 신문지를 깔고 중국음식으로 대충 끼니를 때우고는 당장 필요한 살림을 사러 시장으로 향했다.

아파트 입구를 지나 시장으로 가는 교차로부터 복잡했다. 신호등을 기다리는 한 무리의 사람들과 버스에서 내리는 사람들 그 주변에 몰려든 난전들. 대구에 도착하고 3일째였지만 그렇게 무질서하게 많은 사람들이 모여 있는 걸 보는 건 그때까지도 익숙하지 않았다. 신호등을 건너고 시장이라는 팻말이 달린 골목을 들어서자 조그만 슈퍼가 있고 양옆으로 신발가게, 속옷가게, 닭고기가게, 채소가게와 부침, 김밥, 순대를 파는 간이음식점을 지나자 골목 끝에 커다란 그릇가게가 보였다.

점심을 먹고 나섰다고 했지만 이사를 하느라 제법 저녁이 다 되어가던 무렵이었다.

그릇가게에 내가 먼저 들어서고 남편과 아이(구입할 것이 많아 혼자서는 역부족일 것 같아 온 식구가 다 나온 것이다)가 가게 밖에 어정쩡하게 서있자 벽에 붙은 텔레비전을 보느라 혼이 나간 듯한 아저씨가 의아한 눈으로 나를 쳐다봤다.

사정이야기를 하고 살 것이 많다고 하자 많이만 산다면 일부는 배달도 가능하다고 하면서도 아저씨는 텔레비전을 흘금거리는 걸 잊지 않았다. 당장 필요한 목욕탕에서 사용할 컵과 대야, 부엌에서 사용할 설거지대 등등 살림에 필요한 거의 모든 것을 다 갖추고 있는 가게였다. 아저씨는 내가 찾는 물건이 없으면 창고가 옆에 있다며 열쇠를 가지고 나섰다. 가게에서 조금 떨어진 허름한 창고에는 밥상이며 정리함 등 부피가 커다란 모든 살림도구들이 빼곡히 들어차 있었다.

일단 물건을 골라 흥정하며 비싸다는 내 말끝마다
"사모님, 왜 그렇게 물가를 모르세요. 이거 하나 팔면 100원 남아요. 아참, 사모님 그거는 물건이 싸지만 질이 좀 떨어져요. 나중에 나한테 와서 나쁜 물건 팔았다고 하시면 안 되요. 어데 살다 오셨는데 이래 싼 거 싼 거만 찾심니꺼. 이거 팔아 얼마 남는다고요. 그래는 몬팔아요. 이거 마트가서 가격 한 번 확인하고 오이소." 등등…….

그렇게 세상물정 모르는 나에 대해 답답해하고 물건 품질 볼 줄 모르고 무조건 싼 것만 찾는다고 구박을 하면서도 조금씩은 가격을 할인해 주었다. 그렇게 그 가게에서 그날 오후 살림도구는 대충 구입할 수 있었다. 일부는 그 아저씨가 자전거로 배달을 해주고 일부는 우리 식구들 양손에 더 이상 들 수 없을 정도로 잔뜩 들고 가고도 그 후로도 며칠을 그 가게를 드나들고 서야 살림에 필요한 모든 것을 갖출 정도로 살림엔 정말 필요한 것들이 많았다.

그렇게 한순간에 대충 눈여김으로 한 번에 사기에는 참 아까운 것들이 많았다. 시간 여유가 있을 때는 목욕탕 컵 하나를 살 때도 이곳저곳 가게를 다 둘러보고 컵 크기며 모양, 색깔에 가격을 비교해 보고 샀는데 시간이 없다보니 한 번에 그렇게 쉽게 사야 한다는 것이 무척 아까웠다.

미국에서야 살림도구를 마련하자면 급할 때는 약간의 구색만 갖춘 슈퍼를 찾거나 시간이 있을 때면 대형 마트인 케이마트나 월마트 같은 곳을 주로 갔다. 시간이 있을 때는 아울렛 몰에 있는 그릇가게를 찾기도 하지만 그곳은 아울렛이라고 해도 가격이 비쌌다.

시간이 있어 찾아가거나 여행에서 돌아오다 우연하게 가게 되는 곳이 아울렛 몰이었다. 그곳에서 내가 제일 좋아하는 가게가 그릇가게들이다. 철마다 다른 상품을 진열하는 그릇가게들의 그릇은 내 경제적인 형편으로는 전혀 마련할 수 없는 가격의 것들이지만 보는 것만으로도 행복해지는 그런 것들이었다. 물론 그곳에도 철이 지났거나 유행이 지나 혹은 손님이 반품한 물건들을 진열하는 크리어런스 세일(정리세일)코너가 따로 있기 마련이었다. 아이는 그곳을 보면 항상 "엄마가 제일 좋아하는 곳이 여기 있네" 했다. 그 곳에서 짝이 안 맞는 컵이나 포크, 뚜껑 없는 냄비나 팬을 싸게 산 날이면 횡재나 한 듯이 좋아하고 집에 가져와서는 신주단지 모시듯 아껴가며 특별한 날이면 사용할 정도로 예쁘고 특이 한 것들이 많았다.

때로는 원달러샵(우리의 천냥하우스)도 자주 찾는 편이지만 아무래도 가격이 너무 싸다보니 주로 일회용으로 중국에서 만든 조악한 것들이 많았다.

그렇게 살림을 마련하고 조금 안정되었다 싶을 때 대형마트를 찾아 내가 시장에서 산 그릇들과 가격을 비교해 보았다. 일단 진열도 잘 되어 있고 모양이 조금 세련되거나 깨끗한 것들이었지만 시장 그릇 가게처럼 모든 물건이 다 갖추어진 것도 아니었고 가격도 약간씩은 다 비쌌다. 그래서 그 후에도 뭔가 살림도구가 필요하면 시장 그릇가게 아저씨를 찾게 되었다.

첫날 빗자루며 플라스틱그릇이나 설거지대 등 부피가 큰 것들을 자전거로 배달해 주려 우리 아파트에 왔던 그릇가게 아저씨는 물건을 건네주며 휑한 아파트를 보고 놀라면서
"짐이 이래 없어예, 나도 이 아파트 단지에 사는데 같은 이웃사촌이네요."
하면서 언제라도 필요하면 배달을 해주겠다는 약속을 하고는 돌아갔다.

시장을 가면 그 그릇가게를 거쳐야만 내가 가는 단골 채소가게나 다른 가게로 갈 수 있는 길목에 그 가게가 있었다. 지나다 우연히 마주치면 반갑게 인사를 하기도 했지만 그런 날은 드물었다. 아저씨는 대단한 텔레비전 광인지 낮이나 밤이나 대개 손님이 없는 날이면 눈은 텔레비전에 고정되어 있었고 그 텔레비전 방송내용에 따라 감탄사를 내뱉기도 하고 혀를 쯧쯧 차기도 했다.

때로는 그 아저씨 아내가 아기를 데리고 장사를 할 때도 있었다. 그 아저씨 보다 아내는 눈에 총기가 총총하고 아기를 안거나 업고도 손님을 대하는 태도가 단호하고 때로는 무섭기조차 해 보였다. 내가 물건 값을 깎을 때면 "사모님요 그거 팔아 얼마 남는다고 그걸 깎아요." 하면서도 얼마라도 값을 할인해주던 아저씨와 달리 아기 엄마는 단호하게 "그래는 몬팔아요." 하면서 더 이상 말도 못하게 할 정도였다.

그러던 어느 여름날이었다. 여름이 되자 물을 끓여서 식혀서 냉장고에 넣고 마시기 위해 물을 끓일 커다란 주전자가 필요했다. 처음으로 그 아저씨도 아니고 그의 아내도 아닌 중년으로 나보다 약간 나이가 많을까 하는 아주머니가 그 가게 있었다. 내가 주전자를 고르며 주인이 바뀌었냐고 묻자 "이 동네 사람이 아닌가배요. 나를 모르는 거 보니까. 내가 원래 이 가게 주인이에요. 삼십 년 하다가 아들 며느리에게 넘겨주고 요새는 가끔씩 지그들 일 있으면 봐주고 있어요." 하는 것이다.

그 가게 아저씨도 삼십대 중반은 되어 보이던데 그렇게 젊은 아주머니가 그 아저씨, 어머니라는 말에 깜짝 놀라고 물건을 골라주고 장사하는 솜씨에 한 번 더 놀랐다. 그 아주머니에게는 뭔가 모를 위엄이 있어서 내가 여름에 먹을 물 끓일 주전자라고 하자 한 주전자를 추천하며 "식구가 아무리 적어도 이만은 해야 물 끓여 식혀 냉장고에 넣고 마시고 쓰기도 그렇고 이만한 게 없어요." 하고는 그게 끝이었고 값을 흥정하거나 뭐 더 말을 보태거나 더할 수 없게 하는 위력이 있었다.

그 후로도 서너 번은 그 아주머니를 그 그릇가게에서 볼 수 있었다. 그러던 한여름 언젠가부터 그 가게를 지나자면 지나기가 힘들 정도로 가게를 정리하고 공사를 하는 거였다. 그 즈음 텔레비전을 철거한 건지 꺼버린 건지 분주하게 공사 지시를 하며 장사를 하던 아저씨와 마주쳤다.

"이사하세요?" 하고 내가 묻자 아저씨가

"어데요, 가게 수리해요, 넓히고 정리도 좀 더 하고." 하면서 활기차게 답하는 거였다.

언제나 여기저기 물건이 흩어져 쌓여 있지만 그래도 용케도 잘 찾아내서 장사를 하던 아저씨가 웬일인가 하고 궁금했었는데 그 궁금증은 곧 풀렸다.

그 공사가 끝나고 얼마 지나지 않아 그 가게의 대각선 쪽에 깨끗한 대형 그릇가게가 새로 문을 연 거였다. 새 가게이다 보니 훨씬 정리 정돈도 잘 되어있고 가게 규모도 커서 기존의 그릇가게 아저씨가 긴장할 수밖에 없었던 것 같다. 미리 알고 준비한다고 가게를 수리하고 정리했지만 사람들이 호기심에서라도 새 가게로 발길을 돌리는 것 같았다. 그 후로는 언제나 켜있던 텔레비전도 꺼져있고 아저씨는 수시로 물건을 닦고 정리하면서 오가는 사람에게 친절히 인사를 건네고 내가 지나가려면 큰소리로 "사모님요, 요새는 우째 지내세요? 살림은 이제 다 안정됐지요?" 하면서 인사를 해왔다.

경쟁이 좋은 건지 나쁜 건지는 잘 모르겠지만 언제나 눈이 텔레비전으로만 향해 있고 손님이 와도 텔레비전에서 눈을 떼지 못하고 늘 나른하게 힘이 없어 보이던 아저씨가 마치 딴사람이 된 것 같았다.

그 후로도 살림에 필요한 물품이 생기면 새 가게에 가기 보다는 그 아저씨 집으로 가면 아저씨는 아주 반가워하면서 "사모님, 또 버릇 나오시네요. 100원 깎아 드릴게요. 사모님은 물건 값 깎는 게 버릇이에요." 하면서 웃었다.

그렇게 규모가 크고 비싼 물건을 사면서도 그다지 흥정으로 실랑이를 하지 않은 나였지만 웬일인지 그 가게 아저씨만 만나면 값을 깎게 되고 아저씨는 웃으며 선선히 얼마라도 깎아 주었다. 아마도 첫날 아저씨를 만났을 때 값을 깎으면서 아저씨의 조금은 투정부리듯 하는 목소리와 말투가 재미있었는지 그 가게만 가면 그렇게 흥정을 하게 되었다.

조그만 동네 시장에서 젊은 나이에 좋아서 였는지 싫은 걸 억지로 물려받은 것인지는 모르지만 어머님이 물려주신 가게를 하느라 늘 의욕이 없고 나른하고 지루해 보이던 아저씨가 활기를 찾은 건 좋은 일이었지만 아무래도 시장에서 유일한 대형 그릇가게였다가 새로운 경쟁상대가 생기자 가게 운영이 그전 보다는 힘든 거 같아 보여서 새로 가게가 생긴 후로는 생

기 있게 변한 아저씨가 그 전의 나른했던 아저씨보다는 조금은 안쓰러워
보였다.

3. 채소가게 할머니

그릇가게에서 살림을 대충 마련하고 남편하고 아이에게 무겁지만 당장 먹을 채소라도 사자라고 돌아서려는데 그릇가게 아저씨가 내말을 듣더니 "채소 사시려면 우리 가게 앞집으로 가세요. 이 시장에서 값도 제일 헐코 물건도 제일 좋아요."라고 하셨다.

이야기를 듣고 돌아보니 그릇가게 맞은편에 제법 규모가 큰 채소가게가 있었다. 하긴 그 시장에는 유난히 채소가게가 많았다. 규모는 각각이지만 다루는 채소는 대개 비슷비슷한 가게들이 한집 걸러 한집일 정도로 많고 소소한 채소 난전들도 많이 있었다.

그릇가게 아저씨의 추천으로 커다란 검은색 봉지를 양손에 들고 셋이 채소가게로 갔다. 채소가게에는 물건 파는 아주머니들만 대여섯 명은 되어 보였다. 우리가 들어서자 그중 가장 나이가 들어 보이는 할머니가 말을 붙여왔다.

이사 왔는데 그날 먹을 채소만 약간 살려고 한다고 하니
"우리 가게는 우째 알고 왔능고?" 물으셨다.

그래서 앞집 그릇가게 아저씨에게 추천 받아 왔다니 그러냐면서 흐뭇한 표정이었다.

가장 먼저 눈에 들어오는 게 발밑에 산처럼 쌓여 있는 물미역이었다.

자랄 때 집에서 물미역을 삶아 초고추장에 찍어 먹거나 삶은 물미역과 오이, 양파, 삶은 오징어 등을 넣고 고추장에 무쳐 먹을 줄만 알던 내가 생물미역을 먹게 된 건 남편과 만난 후였다.

남편의 고향인 부산에서는 생물미역을 멸치젓국물에 찍어서 먹거나 양념을 넣고 무쳐 먹었다. 처음 남편과 같이 장을 보며 남편이 물미역을 사자고 하기에 나는 사와서 당연히 끓는 물에 삶으려고 했다. 그런 나를 보고 남편은 펄쩍 뛰었다. 부산에서 서울로 올라와 겨울이면 하숙집 밥상을 받을 때 제일 화가 나는 게 삶은 물미역을 볼 때라는 거다. 생물미역을 깨끗이 씻어 멸치젓국물에 찍어 먹으면 간편하고 맛도 좋은데 왜 굳이 번거롭게 삶아서 맛이 없게 만드는지 모르겠다는 거다.

그 말대로 소금물에 깨끗이 씻어서 멸치젓국물에 찍어서 먹으니 처음에는 짜고 미역 비린내가 나는 듯 했는데 자꾸 씹다보니 바다 냄새 같기도 하고 미역 자체의 향긋한 냄새가 좋아 겨울이 되면 즐겨 먹게 되었다.

미국에서는 생물미역을 먹을 수 없었다. 마른 미역 아니면 냉동미역이어서 생물미역은 먹을 수가 없었다. 언젠가 한 번 겨울에 뉴욕 여행을 갔다가 한국 슈퍼에서 한국에서 직접 공수라는 커다란 팻말이 달린 얼린 생물미역이 쌓여 있는 걸 볼 수 있었다. 여행 중임에도 불구하고 너무 반가워 그걸 기어이 사서 호텔에서 씻어서 먹었다. 물론 얼린 것이라 맛은 덜했지만 그래도 몇 년만에 생물미역을 만나 너무 반가웠던 기억이 있다.

그 후 처음이었다. 물미역 천 원어치 달라고 하니 커다란 봉지에 한 봉지 담아주시는 거다. 그때는 아직 냉장고 배달이 안 되었을 때라서 너무 많다고 하자 요새 날씨에는 별로 상하지도 않는다며 할머니 하시는 말씀, 특히 표현이 너무 재미 있었다. "굵은 소금에 바락바락 주물러가 깨끗이 행가 넣어두면 요사 날씨에는 며칠은 간다." 하는 거였다.

그렇게 물미역, 상추, 오이, 당근 등 생으로 먹을 수 있는 채소를 사가지고 집으로 돌아왔다. 그 날 저녁은 밥하고 국만 끓여서 오랜만에 물미역과 생채소로 저녁을 든든히 먹었다.

그렇게 알게 된 채소가게는 어떨 때는 거의 매일, 아니면 적어도 이틀에 한번은 들르는 곳이었다. 식구들이 채소를 좋아하는 데다가 미국에서는 접할 수 없던 새로운 채소들이 너무 많아 신기하기도 하고 한 번에 음식을 많이 해놓고 먹는 게 아니라 조금씩 자주 하는 편이라 더 그랬다.

채소가게에는 주인인 할머니와 늘 기운이 없어 보이는 안경 낀 며느리, 그리고 친척인 듯한 할머니 또래의 할머니와 서너 명의 아주머니들이 있었다. 규모가 좀 크긴 했지만 왜 그렇게 일하는 종업원이 많은가 보니 판매를 하는 일보다는 채소가 들어오면 받아서 정리하고 삶을 건 삶고 다듬을 건 다듬느라 사람이 그렇게 많았다.

그릇가게와 채소가게 사이에는 차가 딱 한 대 다닐까 말까한 도로가 있었다. 이틀에 한 번정도 물건을 들여오는 채소가게는 채소를 잔뜩 실은 트럭이 들어오면 아주머니들은 난리가 났다. 트럭이 들어올 길을 만들기 위해 팔려고 진열한 채소들을 다 가게 안쪽으로 집어넣어야 해서 할머니는 이리 치워라 저리 치워라 소리소리 지르고 운전기사는 앞바퀴에 뭐가 닿는다고 소리치고 아수라장이 따로 없었다.

종종 할머니가 그 채소 트럭에 같이 타고 있기도 했다. 그러면서 할머니는 내게 "내가 농사를 지어봐서 내가 직접 가서 물건을 봐야지 남 맡겨 두면 물건이 영 파이라. 그래서 힘들어도 내가 직접 간다 아이가." 하는 설명을 했다.

할머니나 그곳에 일하는 아주머니들의 손을 자세히 보면 하나 같이 퉁퉁 붓고 손톱은 물론 손끝이 갈라지고 손톱 밑에 새까만 흙이 끼여 있었다. 저녁 무렵 장에 가면 손님들이 여럿 몰려들기 마련이고 그러면 할머니는 한 사람씩 임무를 맡겨가며 손님을 맞게 했다. 낮 시간 한가한 때 가보면 한 사람도 놀고 있는 사람이 없었다. 그때도 한 사람은 무 씻고 한 사람은 배추 절이고 또 한 사람은 배추 삶고 등등 손님이 없는 시간에도 손님 맞을 준비에 분주했다. 그러면서도 간간히 손님을 맞아 고춧가루도 빻아 주고 마늘도 갈아주고 채소가게에 방앗간 역할까지 톡톡히 하는 거였다.

손님을 맞기보다는 가게 안쪽에서 나물 삶기에 여념 없어 보이는 할머니 며느리는 언제나 활기 없어 보였다. 나약한 몸매, 핏기 없는 얼굴에 안경을 끼고는 늘 불 앞에서 동동거렸는데도 그 사이사이 할머니는 수시로 며느리를 불러서 이것저것 지시하기 바빴다. 모든 종업원들에게 조금 엄격해 보이는 할머니는 유독 며느리에게만은 더 엄격해 보였다. 간혹 오후 두세 시 즈음 가면 할머니에게 달려들어 용돈을 달라는 손녀딸을 볼 수 있었다. 집이 가게 주변이었는지 초등학교 2~3학년 정도 되어 보이는 여자아이가 할머니에게 달려들어 "할머니 나아~과자 사먹게, 천 원" 하거나 "할머니 나아~ 준비물 사게 이천 원" 하고 할머니가 찬 돈주머니로 손을 찔러 넣으려고 하면 할머니가 "니 할매한테 돈 맡겨 놨나" 하면서도 "뭐가 얼마라" 하면서 돈을 건네주는 할머니 모습을 종종 보았다. 그렇게 학교에 다녀오자마자 할머니에게 달려가면서도 며느리인 엄마에게는 인사조차 하지 않는 계집아이가 참 영악해 보였다.

때로는 가게에 종업원들이 전부 둘러 앉아 늦은 점심을 먹을 때도 있었다. 몇 번인가는 양복이나 깨끗한 잠바를 입은 노신사와 중년의 남자도 보였다. 할머니 남편과 아들인 모양이었다. 주로 물건을 하러가거나 음식점이나 식당 등에 배달이 많을 때 배달을 하러 가고 나머지 시간은 주로 가게 주변을 얼쩡거리는 것으로 시간을 보내는 것 같았다. 가게 바닥에 신문을 깔고 그 위에 상을 펴고 먹는 밥상에는 김치 몇 가지와 나물은 한상 가득했지만 그 흔한 생선 한 토막이나 고기는 한 점도 없는 상이었다. 그때 나를 발견하고 주문을 받으려는 사람은 할머니와 비슷한 연배의 또 다른 할머니였다. 그 할머니는 일찍 식사를 마쳤는지 손에 종이컵이 들려 있었다. 할머니는 나에게 "밥 먹고 마시는 커피 한 잔이 보약이라. 세상 그 어느 것보다 맛있다." 하시는 거였다.

한번은 그릇가게 아저씨의 어머니와 말쑥하게 차려입은 할머니 남편인 할아버지가 서로 가게에 나와 큰소리를 내며 농담을 하는 걸 본 적이 있었다. 곧 봄이 오니 시장 상인들을 모아 꽃놀이 가자는 이야기에 이어 그릇가게 아저씨 어머니가 할아버지에게 언젠가 약속한 꽃나무를 약속을 어기고 주지 않았다는 농담을 하며 계속 큰소리로 삼십 년 이웃사촌이란 소리를 하는 걸 들었다. 그렇게 두 사람이 농담을 하는 사이에도 할머니는 웃으면서도 손으로는 마늘 껍질을 벗기고 있었고 며느리는 고개를 숙이고 무슨 나물인가를 다듬고 있었다.

채소가게를 드나들기 시작하고 얼마 지나자 가게에 갈 때마다 채소 종류가 무엇인지 어떻게 요리해야 하는지 묻는 내게 하루는 할머니가 의아한 표정으로 "니 나가 몇인데 이런 것도 모리노? 그동안 뭐 해먹고 살았노?"하고 물으시는 거였다.

그럴 만 했다. 사실 결혼 전에야 요리에 전혀 신경 쓰지 않고 어머니가 해주시는 음식 먹으며 이건 어떻다 저건 어떻다 입만 가지고 살았을 뿐이고 결혼 후에도 자주 드나드시며 김치도 다 담아 주시고 웬만한 반찬은 다 해주시는 덕에 그다지 요리에 대해 고민할 필요가 없었다. 그러다 미국에 가서는 재료가 한정되어 있어서 요리에 대해 고민을 많이 하게 되었다. 한국시장에 가봐야 기본적인 재료 말고는 있다고 해야 냉동이나 말린 채소가 고작이었다. 그래서 미국시장으로 눈을 돌려 서양요리에 대해 관심을 갖게 되었다. 서양요리라고 해봐야 우리 식구가 제일 잘 적응할 수 있는 것이 이태리 요리인 파스타나 샐러드, 그 외에 스테이크 정도였다. 샐러드는 그 종류가 무궁무진해 이것저것 시도해 볼 수 있지만 그것도 하루 이틀이고 결국 다시 한국시장으로 돌아가 쉽게 구할 수 있는 콩나물, 무나물, 시금치나물이 내가 할 수 있는 요리였다.

처음 뉴올리언즈에서는 한국시장이 멀기도 하고 재료도 너무 한정되어 있어 기숙사 인근에 있는 중국시장이나 미국시장을 자주 갔었다. 중국시장에는 제법 무나 배추 등등 우리가 필요로 하는 재료가 있었다. 그렇게 몇 번 드나들자 조그만 가게라 쉽게 사람을 구별해 내던 중국인 주인은 내가 사는 재료마다 이걸로 뭐 해먹느냐 어떻게 요리하느냐 수시로 물어왔다. 한국물건도 제법 갖추고 있던 주인은 뭐든 튀기거나 찌는 요리만 하는 자신들에 비해 부추로 김치를 담는 등 자신들과는 확연히 다른 요리법을 무척 신기해 했다. 그 후 한번은 물건 계산을 하는데 "네가 말한 대로 부추로 김치를 담가 먹어 봤더니 맛있더라."고 할 정도로 친해졌다.

한번은 미국 슈퍼 채소 코너를 이리 돌고 저리 돌아도 저녁 반찬거리가 생각이 안나 고민을 하고 있는데 일본 무를 발견할 수 있었다. 요즘에는 미국의 대도시나 제법 알려진 관광지에서 김치나 두부, 배추, 무를 쉽게 발견할 수 있지만 당시만 해도 그런 걸 찾기가 쉽지 않던 때였다. 일본 무가 쌓인 코너를 발견하고 무를 고르며 무나물을 해먹을까 생채 나물을 해먹을까 고민하고 있는데 한 백인 할머니가 다가왔다. 이 일본 무를 슈퍼에서 종종 보는데 볼 때마다 궁금했다며 어떻게 요리를 해야 하느냐고 물어왔다. 생채나물 하는 법은 가르쳐줘봐야 고춧가루가 없을 테니 소용없을 것 같아(물론 일본식으로 새콤달콤하게 무치는 법도 있지만) 무나물 하는 법을 가르쳐 주었다. 몇 번이고 고맙다고 인사를 하고 멀어져 갔는데 그 후로도 종종 그 슈퍼만 가면 궁금했다. 그 할머니가 과연 무나물을 해먹었을까? 무나물과 어울릴 메인디시는 무엇이었을까 등등이.

그 후로 제법 큰 한국시장이 있는 도시에 살 때도 그 곳도 아무리 그래도 한국만큼 싱싱하고 다양한 재료는 없었다. 나물은 주로 냉동이었고 냉동은 사는 사람이 많지 않아 오래되어서 그런지 이상하게 냉동 특유의 냄새가 났다. 똑같은 동태나 나물 냉동도 한국에서 사는 건 냉동기간이 짧아 그런지 생물보다는 못하지만 그런대로 먹을 만한데 미국 냉동은 냉동 특유의 냄새가 났다. 그래서 어쩌다 너무 지루해지지 않는 한 손이 잘 안 갔다. 그러니 당연히 그 많은 한국 나물들의 이름을 모를 뿐만 아니라 요리법도 모를 수밖에.

할머니에게 미국에서 13년을 살다 왔다고 하자 그제야 할머니는 이해를 하시며

"그래 그렇구나. 어쩐지 요새 사람들이 아무리 요리를 안 한다고 해도 니는 너무 한다 싶었는데 그래서 그랬구나. 그런데 용타 우째 미국에서 김치는 담가 먹었노? 여기서도 요사 사람들은 김치도 안 담가 먹고 사먹는데." 하시며 이건 무슨 나물이고 저건 어떻게 요리하라고 가르쳐 주셨다.

한번은 돌나물을 설명하면서 씻는 법이며 요리하는 법을 열심히 이야기 하는데,

"그냥 밥 위에 놓고 양념장 살살 뿌리가 비벼 먹으마 좋다" 하자 옆에 있던 손님이던 한 아주머니가 "어데예, 멸치젓국 넣고 마늘 넣고 나물로 무쳐 먹으마 더 맛있어예" 하는 식으로 할머니의 요리법에 대해서 이의를 제기하는 사람들이 꼭 한 사람씩은 있어 그것 때문에 시장이 떠들썩할 정도로 갑론을박을 하는 일도 생길 정도였다.

그렇게 자주 드나들며 채소를 사 나르자 언젠가부터는 할머니나 다른 종업원 아주머니들이 "니 이래 반찬하마 안 되나(힘드냐)? 이래 많이 해먹을라마 될텐데" 하면서 걱정을 해주기도 하고 "참 부지런네요, 젊은 사람이 우째 이래 부지런 하기도 하노" 하며 칭찬도 해주셨다.

특별한 일 없으면 아침, 저녁을 집에서 꼭 먹었던 남편이나 아이는 대구의 그 다양한 나물 재료들과 요리법에 감탄하며 매끼니 해놓은 나물이나 김치 접시들을 깨끗이 비워내며 그 반찬들에 감격을 했다.

미국생활하면서 제일 많이 가는 곳이 미국슈퍼 아니면 한국슈퍼였다. 꼭 물건 살 일이 있어서가 아니라도 마음이 허전하거나 꼭 집어서 어디 갈 만한 곳이 없을 때면 만만하게 가는 곳이었다. 뉴올리언즈에서는 남편이 조금 시간 있는 날, 저녁 먹고 왠지 쓸쓸해지면 마실 가듯이 차를 타고 슈퍼로 갔다. 당시 그 도시는 안전이 문제되는 곳이었지만 미국슈퍼는 안전했다. 넓은 슈퍼는 카트에 아이를 태우고 아무리 돌아다녀도 지장이 없을 만큼 편안했다. 그렇게 몇 바퀴 돌다가는 슈퍼에 달린 조그만 카페에서 커피 한 잔 사마시고 고민 고민하다가 조각으로 파는 알록달록한 케이크를 한 조각 사들고 오는 것이 고작이었지만 마음이 쓸쓸할 때는 그런 나들이도 큰 위안이 되었다.

뉴올리언즈에서 한 미국슈퍼는 특이하게 아이들용 카트가 있었다. 당시 막 세 살이 되었던 아이는 그곳만 가면 너무 행복해 했다. 자신이 대단한 쇼핑객이 된 것처럼 아이용 카트를 밀고 이것저것 다 카트에 집어넣으면 나는 따라다니며 그 물건들을 제자리에 가져다 두어야만 했다. 그곳의 그 커다란 수박을 발견하고 자신의 힘으로는 도저히 들 수 없는 수박 앞으로 저벅저벅 다가 갈 때면 혼비백산해서는 같이 드는 척 하고 낑낑거리고 카트에 넣고 카트가 무거워 땀을 흘리며 카트를 미는 아이를 보자면 어찌나 웃기던지. 그렇게 슈퍼는 놀이터도 되고 위안을 주는 장소가 되기도 했다.

세인트루이스에 살 때는 한 한국슈퍼 주인과 아주 친하게 되었다. 그곳 세인트루이스 한국슈퍼 주인은 자신이 밭을 가지고 밭에서 한국 채소를 길러 슈퍼에 내다 파는 것이라 제법 종류도 다양하고 채소도 싱싱했다. 그 때도 시간만 나면 수시로 드나드는 나를 눈여겨본 주인인 내 또래 아주머니와 종업원인 아주머니들과는 절친해졌다. 손님이 없을 때면 주인은 내게 이상한 억지를 부리는 한국 손님들을 흉보거나 아이와 또래인 아이 키우는 문제를 상의해 오기도 했다.

　조금 시간이 지나면서 물건을 사고 돌아서면 내일은 가게 쉬는 날이라며 그냥 두면 상한다고 오이나 상추 등을 억지로 내 쇼핑백에 넣어 주기도 하고 아이 먹이라고 떡을 끼워 넣어 주기도 했다. 겨울이면 밭에서 무 뽑고 남는 무청을 상자에 담아 거저 주어도 해먹을 줄 아는 사람이 없거나 귀찮아서 싫다고 한다면서 두 상자씩 차 트렁크에 밀어 넣어 주었다. 그러면 그걸 가져와 씻어 삶아서 냉동에 넣어두고 겨울 내 된장국을 끓여 먹거나 된장에 무쳐서 나물을 해먹었다. 그래서 겨울이 되어 무청만 보면 그 주인 아주머니 얼굴이 떠올랐다. 한국 사람이 많지도 않고 많아도 정 나눌 사람이 없다보니 항상 정에 굶주려 있던 사람이었다. 그래서 쉽게 친해지고 친해지면 조그마한 정이라도 나누고 싶어 어쩔 줄을 몰라 했던 정말 순박한 사람이었다. 그렇게 자주 드나들고 흉허물 없이 지내다가 막상 다른 도시로 이사 갈 때는 헤어지기 섭섭해서 애를 먹었던 기억도 있다.

　그런 사람들처럼 그 채소가게 할머니나 종업원인 아주머니들은 고향이 대구가 아닌 나에게, 친척이나 친지가 아무도 없던 나에게 그 역할을 충실히 해주었던 분들이었다.

　해질녘에 괜히 쓸쓸해지면 아파트를 나서 복잡한 신호등을 건너 북적거리는 시장입구를 보며 마음을 추스르고 익숙한 가게들을 지나 채소가게에 다다르면 마음이 푸근해졌다. 응석을 부리듯이
　"할머니, 오늘 저녁은 뭘 해먹어요?" 하면 할머니는 열심히 나물을 다듬다가 고개를 들고
　"왔나, 뭘 해먹긴 뭘 해먹어 여기 천지 비까리가 반찬거리 아이가?
　오늘은 톳나물이 좋다. 톳나물을 소금물에 살살 씻어가 젓국에 버무리가 깨 좀 솔솔 뿌리 먹어 봐라. 입맛이 확 돈다." 하는 식으로 반찬거리

도 정해주시고 그 어떤 요리사보다도 더 해박하고 재미있게 요리법을 알려 주었다.

김장철이 되어 처음으로 대구에서 김장을 하게 되었다. 배추는 친정언니가 자신이 구입하는 곳에서 절인배추를 배달시켜 주기로 했다. 할머니도 절인배추를 절여서 배달해 주는데 배추를 안 산다면 섭섭해 하시지 않을까 걱정이 되었다. 배추가 배달되는 날에 맞추어 할머니를 찾아갔다. 역시나 할머니는 선선히 해결사처럼
"배추가 몇 포기 마 무는 몇 개가 필요하고 들어갈 양념은 뭐가 얼마치 뭐가 얼마치.... 배추가 며칠에 온다꼬? 알았다 그 날에 맞차서 배달 해 주꾸마." 하시는 거였다. 그래서 수월하게 김장도 할 수 있었다.

그렇게, 낯선 곳에서 그 채소가게 할머니는 마치 친정엄마, 나머지 종업원들은 친지처럼 그날그날의 반찬도 걱정해주고 살아가는 이야기도 나눌 수 있는 사람들이 되었다.

4. 미장원 아줌마

생활에 조금 익숙해지자 그제서야 거울 속의 내 모습이 눈에 들어왔다. 그때까지는 새로운 생활에 적응하느라 눈 뜨면 오늘은 어디서 무얼 사야하고 어떤 걸 마련해야 하고 뭐는 어디서 하는지 알아봐야 하고 하는 식의 생각을 하느라 거울 속의 내 모습을 들여다 볼 시간이 없을 정도였다.

결혼 전이나 아이를 낳은 후 마음이 복잡해지면 달려가는 곳이 미장원이었다. 내 마음대로 속시원하게 할 수 있는 것이 유일하게 머리였기 때문이었다. 오랜 직장생활과 학업을 계속했던 나는 심한 스트레스에 시달릴 때면 미장원에 가서 머리를 자르거나 볶는 것으로 스트레스를 해소했다. 아이를 낳고는 때론 생활이 너무 단순해 답답하거나 현실이 불만족스러울 때 미장원에 달려갔다. 그런 식으로 행동하다보니 내 스스로도 그런 내가 불만족스러웠다.

그래서 미국 갈 때는 굳게 다짐했다. 머리를 그냥 놓아두자고. 학창시절에 우연히 "Who am

I?" 라는 미국영화를 보았다. 치매를 다루는 영화였는데 그 영화 내용도 좋았지만 주연배우인 조안우드워드가 한 헤어스타일이 너무 마음에 들었다. 영화 중 시골에 살면서 대학에 출강하는 시인인 조안우드워드는 긴 머리를 땋아서 묶고 다녔는데 예순이 넘은 할머니 머리 스타일이 전원풍경과 너무나 잘 어울렸다. 그렇게 자연스럽게 머리를 건드리지 말자고 결심하고 미국으로 갔다. 사실 미국생활 초기에는 경제적인 여건 때문에도 머리에 신경을 쓸 수가 없었다. 파마기가 남았던 머리는 시간이 지나자 파마기가 풀리고 길게 자랐다. 하지만 오랫동안 긴 머리를 하지 않았던 나는 영화 속 주인공처럼 할 수도 없을뿐더러 머리가 길어지자 귀찮았다. 그래서 내손으로 앞머리와 뒷머리를 조금씩 자르고 살았다. 조금만 머리가 어색해도 파마를 해야 한다느니 머리를 잘라야겠다느니 이런저런 참견을 하는 친지나 친구가 없어서 그렇게 하고 살아도 하나도 불편하지 않았다.

그래서 미장원도 안 가고 기분나면 앞머리나 내손으로 삐뚤 빼뚤 자르고 지내자니 여간 편한 게 아니었다. 물론 보고 싶다는 식구들 때문에 사진이라도 찍어 보내자면 사진 받은 다음 날 바로 친정어머니의 목멘 소리를 들어야했다. 돈 보내 줄 테니 머리라도 좀 가지런히 하라고. 하지만 나는 주변에 사는 이웃이나 아이 학교에서 만나는 선생님이나 학부모들은 아무도 내 머리 모양에 대해 신경 쓰지 않으니 마냥 편하기만 했다.

미국 뉴올리언즈에 살 때, 주말에 맥도날드나 버거킹 혹은 케이마트나 월마트 같은 데서 캐셔나 지나치던 사람들은 흔히 말을 걸면서 국적이 어디냐고 물어왔다. 기분이 나서 머리도 가지런히 빗고 화장도 하고 목에 싸구려 목걸이라도 하고 나간 날은 일본 사람이냐고 하고 귀찮아 화장도 안 하고 아무렇게나 입고 나서면 어김없이 중국사람 아니냐고 물었다. 그러다가 몸이라도 아파 나가기 싫은 날 애 때문에 억지로 집에서 입던 차림으로 나간 날이면 베트남 사람이냐고 묻기도 했다.

보스턴에 살 때는 한 번씩 계절이 바뀐다거나 감정 조절이 안 될 때면 미국 미장원에 가서 파마를 했었다. 맨 처음 간 미장원에서는 내가 파마를 한다니 백인 미용사 셋이 달려와 머릿결을 만져보고 연구를 하더니만 파마를 해주었다. 그리고 그 후로는 미국 미용사 하나가 익숙하게 머리를 해주어 잡지책 보며 느긋하게 파마를 하게 되니 미장원 가는 일이 전혀 부담이 안 되었다.

아시안이 많았던 샌프란시스코 교외에 살 때는 나에 대한 개인적 관심이나 국적에 대해 관심 갖는 사람이 없어서 편했다. 결혼 전 미장원에 가기 싫은 이유 중에 하나가 사람들의 지나친 관심 때문이었다. 파마라도 할라치면 두 시간 내내 말을 시켜온다. 나이가 몇 살이냐 직업이 뭐냐 결혼은 했느냐 등등. 그 당시만 해도 난 늘 좀 변종에 속했었다. 나이 들어 결혼도 안 한데다 직업도 평범하지 않고 등등 말이다. 물론 미국 한국 미장원에서도 그런 물음을 받긴 하지만 그래도 워낙 다양한 이력을 가진 한국 사람이 많아 그런가 무던한 미용사 탓인지 몇 가지만 묻더니만 내 대답이 시큰둥해 그런가 다음부터는 물어오지 않아 편했다.

그 후로 가끔은 파마를 해보기도 했지만 나이가 들수록 게을러지는 탓인지 그마저 하기 싫어졌다. 그저 앞머리만 단정하게 하면 아침에 일어나 빗으로 한 번 빗으면 그만이니 그 보다 더 편할 수가 없었다. 한국으로 돌아오기 직전에는 우리가 살던 곳에 개업한 한국계 미장원을 알게 되어 자주 이용했다. 주로 머리를 자르고 가끔은 파마도 했다.

생활이 안정되고 동네에 익숙해지자 파마를 하기로 했다. 일단 아는 사람이 없으니 가장 만만한 곳이 아파트 상가 내 미장원이었다. 하지만 상가 내 미장원만 해도 네다섯 곳은 되었다. 상가에 들어가 찬찬히 둘러보다 사람이 제일 없고 조금 허름한 곳을 골랐다. 화려한 실내장식을 한 곳은 아무래도 가격이 비쌀 것 같았다.

더구나 무엇보다도 미장원에서 기다리는 시간을 제일 지루해 했기 때문에 사람이 없는 곳을 골랐다. 손님 없이 텔레비전을 보고 있던 남자 미용사는 내가 들어서자 반갑게 맞아 주었다. 커튼을 내리 친 안쪽에서는 물소리가 났다. 미용사가 권해주는 대로 자리에 앉으며 파마를 해달라고 했다. 조금 있다 커튼을 열고 자그마하고 통통한 아주머니가 나타났다. 웃으며 내게 가운을 입혀주며 새로 이사 왔냐고 물었다.

당시 나를 만나는 사람들은 나에게서는 아무래도 뭐라고 꼭 집어 말할 수 없는 어색함을 느끼는 것 같았다. 물론 대구 사투리를 쓰지 않는 것도 그렇겠지만 나이를 종잡을 수 없는 얼굴에 늘 입고 다니는 청바지와 티셔츠 때문에 더 그렇게 받아들이는 것 같았다.

호기심과 어색함을 어쩌지 못하는 주인아주머니와 미용사를 위해서 미국에서 이사 왔음을 밝히고 기다리는 걸 지루해 하니 머리모양 보다는 빨리 되는 파마를 해달라고 했다.

주인아주머니는 간단한 커트나 드라이만 하고 복잡한 커트나 파마는 기술자인 남자 미용사가 담당했다. 파마를 하려고 내 머리를 정리하던 남자 미용사와 달리 주인아주머니는 남자미용사를 도우면서 이것저것 물어왔다. 그러다가 커튼 뒤로 주인아주머니가 들어가더니 미용실 안에 기름 냄새가 퍼졌다. 미용사가 머리를 마는 동안 주인아주머니는 부추전을 부쳐서 내왔다. 조금 있다 옆집 슈퍼 아주머니가 찾아오고 아주머니 둘은 편하게 앉아 부추전을 먹으며 내게도 권했다. 부추전을 먹으며 나를 가리키며 미국에서 오래 살다 왔다는 이야기를 하며 미국에 사는 친척 이야기로 이야기꽃을 피우면서 간간히 이런저런 도시 이름을 대며 가보았느냐 어떠냐는 질문을 했다.

어서 시간이 지나길 기다리며 아주머니들과 간간이 이야기를 주고 받다보니 파마가 끝났다. 늘 그런 것처럼 파마 후 처음 보는 거울 속의 나는 너무 어색했다. 머리를 만져주는 미용사가 집에서는 이렇게 만지라며 어떻게 해야 하는지를 열심히 가르쳐 주었다. 하지만 어서 빨리 미장원을 벗어나고 싶은 생각뿐이었다. 파마 값을 치르고 미용사에게 팁을 주자 주인 아주머니와 미용사 다 놀라워했다. 미국에서는 당연히 머리를 하고 나면 10%에서 15%정도의 팁을 주는 것이 관행이었는데 그게 무척 신기했던 모양이었다. 그런 팁을 주는 문화는 아주 고급 미장원만 그런 것 같았다. 어쨌든 그때만 해도 그게 당연하다는 생각이 들었던 나는 그저 돈을 건네고는 어서 빠져 나왔다.

오랜만이라서 그런지 조그만 미장원 공기도 답답하고 머리를 싸매는 동안 머릿속도 근질거리고 사지육신이 뻑적지근한 것 같았다. 어서 집으로 돌아가 평소의 나로 돌아가고만 싶었다.

집으로 돌아오자마자 샴푸를 두 번이나 풀어 샤워를 하고 드라이로 평소처럼 빗었다. 거울 속의 나는 조금 머리가 부풀어 보였지만 평소의 나로 돌아와 있었다. 그렇게 하면 당연히 파마는 금방 풀리겠지만 어색함은 사라졌다. 그렇게 두세 번 머리를 감고 나면 어색함은 사라지고 머리에 볼륨만 생기고 본래의 나로 돌아왔다.

그러다 또 두세 달이 지나자 머리가 납작해지고 머리가 길었다. 다시 그 미장원에 가고 싶지가 않았다. 가격도 싸고 친절하고 등등 별로 나쁜 점은 없었지만 그냥 다시 그 미장원을 가고 싶지 않았다.

아파트 주변에 익숙해지고 운동한다고 매일 한 시간씩 동네 주변을 걷다보니 새로운 곳을 많이 알게 되었다. 대규모 아파트 단지였지만 단지 옆 샛길로는 옛날 동네도 있었고 아파트 옆 빌라에도 상가가 있고 아파트를 벗어나 조금 큰 길로 나가면 세일을 하는 학생상대의 조그만 미용실이 많았다.

이곳저곳 눈여겨보다가 아파트 단지 옆 빌라에 붙은 작은 미장원이 눈에 들어왔다. 조그맣고 허름한 미장원에 미용사로 보이는 아주머니 한 분이 할머니 머리를 자르고 있었다. 그날은 오전 중에 집안일하고 대충 메일 확인 등 급한 일을 마무리 지은 참이라 밖으로 나온 거였다. 운동이나 하자고 하다가 불현듯 미장원이 눈에 들어왔다. 들어서자 소파에 두 사람의 손님이 기다리는 것 같았다. 그래서

"손님이 많으신가 봐요. 저는 다음에 올게요."

하고 문을 열고 나가려는데 소파에 있는 젊은 여자가

"저희는 손님 아니에요. 이 할머니 머리 다 자르셨어요. 저는 여기 주인아주머니 동생이고 이 아주머니는 옆집에서 마실 오신 거예요." 하는 거였다.

그러자 미용사 아주머니가

"아주 급하시마 다른데 가시고요 이 할머니 다 끝나 가는데 하실라마 조금만 기다리세요."하는 거였다.

그래서 소파 한구석에 끼여 앉았다가 할머니가 의자에서 일어서자 미용사가 권하는 의자에 앉았다. 그 할머니는 바로 옆집 할머니인지 미용사에게 돈도 내지 않고 미용사도 "할머니 며느님이 끝나마 그냥 오시라고 했으니 가세요." 하는 거였다.

그리고 미용사는 뭘 할 거냐고 물어왔다. 파마를 하고 머리를 다듬고 싶다고 하니 알았다고 하고는 가운을 입혀 주었다. 미용사는 어떤 모양을 원하느냐 묻고는 내가 그냥 자연스럽게 해달라고 하니 더 이상 말도 시키지 않고 내게 잡지책을 권해 주고는 소파에 앉은 동생과 대화를 나누었다.

"남서방은 요새도 술 마니 마시나?"

"말도 마라, 어제도 새벽 한 시에 들어오고 오늘 새벽에 공장으로 출장 갔다. 요새는 마 밉버 죽겠다. 새벽에 겨우 일어나 꿀물 한 잔 마시고 나가는 거 보니 밉기도 하고 마음도 짠하고 마 괴롭다. 언니야, 나 스트레이트파마나 하까?"

"와, 속상할 때 느그 언니 되구로 니 스트레이트파마 하마 속이 풀리나?"

"글케 말이다. 괜히 파마하니 늙어 보이는 거 같아 그냥 다시 스트레이
트파마가 하고 싶네."

"다음에 해라. 나도 오늘은 되다. 니 해봐야 돈도 안되는데 뭐 할라고
할라카노?"

"돈 주마 되잖아." 하는 자매의 대화에 잡지책을 뒤적이다 나도 모르게
싱긋이 웃고 말았다.

그렇게 무심한 듯 내게 아무 것도 묻지 않았던 미용사는 내가 별로 이
야기하고 싶지 않아 하는 걸 아는 것 같았다. 내가 소파에 앉은 동생에게
지금 머리 예쁜데 왜 괜히 스트레이트파마를 하려고 하냐며 말을 시작했
다. 그러자 반색을 하던 동생이 말을 시켜왔다.

"내 머리 괜찮아 예? 그래도 괜히 늙어 보이는 거 같고 마 되는 일이 없
으니 머리라도 확 바까뿌마 좀 속이라도 편할까 싶어서 예. 그란데 언
니라고 공짜로 해주지도 안으면서 할 때마다 구박을 해싸서 성질나서
마 다른 미장원가서 하든지 해야지 하여튼 뜻대로 안되예."

그러자 머리를 말던 미용사인 언니는

"그래라, 그라마 나야 편치. 아무리 형제라도 누가 요새 약값만 받고 파
마 해준다고 하드노?" 하며 동생을 놀렸다.

그 모습이 보기 좋았다. 그래서 형제가 한동네에 사냐고 물으니 미용사
는 우리 아파트 단지에 혼자된 노모가 살고 지금 미장원에 있는 막내 동생
네가 살고 자신은 옆 동네에 살면서 미용실만 거기서 운영한다고 했다. 미
용사는 자신이 여자형제만 다섯인데 자신이 맏딸이고 둘째만 제주도에 살
고 나머지 세 동생은 다 그 근처 아파트단지에 모여 살면서 어머니도 돌보
고 수시로 모여서 같이 밥도 먹으며 지낸다며 웃었다.

미용사의 웃는 얼굴을 보며 친정언니와 친정어머니 생각이 났다. 친정
언니는 우리 식구 때문에 고생을 많이 했다. 우리 식구가 미국 있는 동안
국내의 복잡한 이런저런 일들을 도맡아 챙겨주고 친정어머니는 철이 바뀔

때마다 아이나 남편, 내 옷을 보내왔다. 속옷이며 양말, 거기다 소소한 먹을 것까지 친정 오빠들에게 받은 용돈으로 미국에 있는 우리 식구에게 소포를 보내는 것이 낙인 친정어머니였다. 그렇게 소포를 받고 어머니에게 고맙다고 전화를 하면 어머니는 어느새 우시면서 이렇게 말씀하셨다.

"느그가 좋으면 나야 말할 것 없이 좋다. 그런데 소포 보낼 때마다 마음이 아프다. 소포는 우리 딸에게 가는데 나는 그렇게 보고 싶은 우리 딸을 못 보는구나 싶으. 그래도 느그가 좋다니 다행이다." 그렇게 전화를 하고 나면 늘 마음 한구석이 불편했다. 친정어머니의 그리움이 너무 큰 거 같아서.

그런데 돌아오자마자 대구에 정착하는 바람에 그렇게 보고 싶던 친정 언니와 친정어머니를 쉽게 볼 수 없었다. 대구에서 정착하고 어느 정도 자리가 잡히자 심심하면 같이 다니는 친정식구나 친구가 그리워지기 시작했다. 물론 마음만 먹으면 쉽게 볼 수 있지만 이런저런 일이 얽힌 생활이나 경제적으로나 시간적으로 그렇게 마음먹은 대로 쉽게 볼 수는 없었다.

그래서였을까 미장원 아주머니와 아주머니 동생의 투정어린 다툼이 무척 정겹게 느껴졌다.

미용사에게 가까운데 친정식구가 사니 부럽다고 하니 미용사는 뭐 좋은 점도 많지만 불편한 점도 많다며 힐끗 소파에 앉은 동생을 흘겨봤다. 그제서야 소파에 앉은 동생도 내게

"못 보든 분인데 이사 오셨어예." 하고 물어 왔다. 빨리 궁금증을 해소해주는 것이 편할 것 같아 미국에서 살다가 몇 달 전에 이사 왔다는 이야기를 해주었다. 그러자 소파에 앉았던 동생이 고개를 끄덕이며 "어쩐지 다른 분하고 분위기가 조금 다르다 싶었어예."하는 거였다. 그래서 뭐가 다르냐고 구체적으로 물어보자 뭐라고 꼭 집어서 말할 수는 없지만 그렇다는 거

였다. 물론 나의 억양이 대구 사람이 아님을 나타내니 당연할 거라고 하자 꼭 그것만은 아니라고 했다.

그런 이야기는 몇몇 대구분들에게 들었다. 남편 양복세탁을 맡기려고 들른 세탁소 아주머니는 내 이야기를 유심히 들었다. 그때는 아무 말 안하더니 한참 후에 다시 들려서 세탁을 맡기려고 하자 세탁소 아주머니가 먼저 우리 집 동호수를 정확히 기억했다. 내가 놀라서 어떻게 그렇게 기억하냐고 하자 한 번 들으면 알 수 있다고 했다. 글쎄 그 이유가 뭔지는 그 후로 쭉 궁금했지만 답을 알 수는 없었다.

그렇게 알게 된 미장원 아주머니는 무척 편한 사람이었다.

나이가 들어서 그런지 손님상대를 많이 해서 그런지 상대방이 원하는 바를 잘 알고 그걸 잘 맞추어 주었다. 특히 나처럼 기분이 나지 않으면 별로 말을 하고 싶은 않은 손님에게는 그에 맞게 내가 먼저 말을 하지 않는 한 억지로 먼저 말을 시켜 오지 않았다. 손놀림도 빨라서 오랜 시간 미장원에 앉아 있어야 하는 고역도 덜게 해주었다. 그렇게 오가며 미장원 아주머니는 그저 평범한 주부이다가 아이들이 크자 심심해서 평소에 하고 싶던 미용공부를 해서 늦깎이로 미용사가 되었다는 걸 알게 되었다. 이제는 아들 둘도 대학생이 되어 손도 안가고 장사를 하는 남편은 남편대로 바빠서 자신의 미장원을 운영하며 친정식구들과 어울려 놀기도 하고 미용사세미나 등에서 만난 친구들과 새로운 미용기법도 배우고 친목도 다지는 아주 다채로운 중년생활을 구가하고 있었다.

제법 깊은 가을이 되어가던 어느 날 아침에 괜히 기분이 이상했다. 뭐라고 표현하기 힘들게 마음이 편치 않았다. 그래서 아침부터 문득 머리를 하고 싶었다. 시간이 조금 일렀다. 하지만 그날 오전에 꼭 봐야 할 일이 있었다. 그래서 그전에 머리를 하고 싶었다. 그래서 혹시나 하는 마음에 전화를 해보았다. 다행이 미장원아주머니는 자신이 지금 시장에 있다며 미장원으로 갈테니 오라고 했다.

미장원 앞에 다다르자 뒤에서 잰 걸음소리가 들렸다. 미장원아주머니였다.

"오늘은 왠지 문을 **빨리** 열고 싶드만..... 문 열고 나서 점심 반찬이 생각나 시장에 있는데 전화가 와서 그제야 왜 **빨리** 문 열고 싶었는지 알았네..." 하면서 웃었다.

무슨 일이 있느냐 왜 이렇게 빨리 왔느냐 묻는 법이 없었다. 내가 먼저 이러저러한 일이 있었다고 하면 그제서야 웃으며 그랬구나 했다. 익숙한 솜씨로 머리를 만지면서 이야기를 시작했다. 그 전날 미용사세미나가 있어서 세미나 끝나고 친구들하고 막창에 소주 한 잔 하느라 밤늦게 들어와 피곤했는 데도 왠지 그날 눈이 일찍 떠지더라고 했다. 세미나에 가면 새로운 미용기법도 배우고 친구들도 만나 회포를 풀 수 있어서 좋지만 하루 종일 가게 하느라 다들 늦게 만나게 돼서 피곤하다며 그래도 오랜만에 막창에 소주로 회포를 푸는 덕에 그나마 피곤이 가신다며 웃었다.

그러면서 내게 막창을 먹어보았느냐고 물어보았다. 곱창과 비슷하지만 대구식 특유의 양념을 해서 불판에 구워먹는 막창이 맛있다는 이야기를 어디선가 들어 본 것 같긴 했다. 하지만 육식을 별로 좋아하지 않는 남편 때문에 결혼 전에는 그나마 몇 번인가 먹었던 곱창마저도 결혼 후에는 먹어본 적이 없었다. 그런데 막창을 찾아 먹는다는 건 생각하기 힘들었다. 그렇게 편안하게 일상적인 이야기를 하다 보니 머리를 다하게 되었고 왠지 알 수 없게 불편했던 마음이 편안해졌다.

계산을 하면서 괜히 기분이 좋지 않았는데 아주머니 덕에 마음이 편해졌다고 고맙다고 하니 웃으며 왠지 그렇게 보이더라며 머리하지 않아도 마음이 언짢으면 언제라도 와서 별일 아닌 이야기라도 하며 기분전환하고 가라고 하며 웃었다.

물론 머리할 일 없이 미장원을 가는 일은 없었다. 하지만 미장원에 들어서서 아무 이야기를 안 해도 마음이 편해지는 미장원아주머니 덕에 아무런 연고도 없는 대구시내 거리를 헤매며 이 미장원 저 미장원을 찾아다니지 않게 되었다.

5. 난전 사람들

저녁때가 되면 왠지 쓸쓸해졌다. 물론 미국에 살 때는 더 심했지만 그래도 대구에서도 어느 정도 생활이 안정되자 다시 저녁때가 되면 쓸쓸해졌다. 그럴 때면 시장으로 향했다. 시장 앞 신호등을 건너려고 파란신호등을 기다리면서 보면 시장에 들어서기도 전에 신호등 주위로 쭉 늘어선 이런저런 물건을 가지고 자리를 잡은 사람들이 눈에 들어왔다.

당연히 단골 채소가게로 가기도 하지만 때로는 가지각색의 상품에 이끌려 난전 주위를 맴돌아 본다. 작은 쌈 배추와 상추를 한쪽에 쌓아두고 파는 할머니, 집에서 재배한 콩이라며 빨간 플라스틱 통에 담아 파는 아주머니, 중국산 땅콩이라고 당당하게 밝히고 파는 풍뚱한 파마머리 아줌마, 호떡과 어묵 파는 애기엄마, 이름을 알 수 없는 나물들을 늘어놓은 할머니 등등... 일일이 헤아릴 수 없을 만큼 조그만 도로 위에 빼곡하게 난전들이 늘어서 있었다.

이리저리 둘러보다가 늙은 노란 호박을 연신 파내는 할머니께 물어보니 호박 속을 긁어내서 호박나물거리를 만든단다. 집에서 한번 해먹어 보라며 천 원어치라며 비닐 봉지에 싸주는데 물어본 이상 안 살 수도 없어 사긴 하는데 찜찜했다. 워낙 단 음식을 싫어해서 호박 속으로 나물을 해놓으면 달 것 같아서 사면서 할머니께 여쭈어 보니 절대 달지 않다고 하신다. 정말 집에 돌아와 반신반의하며 나물을 만들었는데 달지도 않고 맛있었다. 낯선 음식에 대해 젓가락질을 잘 하지 않는 남편도 맛있다고 잘 먹었다.

난전 할머니나 아주머니(주로 할머니들이 많았다. 때로는 할아버지도 있었다)들은 대체로 자기 자리를 확보한 것 같았는데 때로는 자리다툼을 하기도 했다. 특히 비가 오는 날은 이리저리 얼키설키 매어놓은 비닐 천막 때문에 다툼이 일기도 했다.

비가 몹시 심하게 내리던 여름날이었다. 더운 여름날 국화빵을 만들어 파는 포장마차 맞은편에 새로 닭꼬치를 구워 파는 포장마차가 생겼다. 며칠 전부터 서로 신경전이 있었는지 그 비가 억수로 내리던 날 두 가게에서 설전이 오갔다. 비가 오는데도 불앞에서 땀을 흘리던 국화빵 파는 아줌마는 악을 쓰면서 자신의 가게 맞은편에 꼬치 가게를 차린 애기엄마를 비난했고 꼬치가게 아줌마는 다 같이 어려운 처지에 왜 자신만 가지고 힘들게 하느냐고 악을 쓰는 중이었다.

서로 소리 지르며 악을 쓰다 보니 떨어지는 빗소리와 여기저기 비닐장막 거두는 소리가 더해져 소리는 점점 커졌고 심지어는 서로에 대한 인신공격에서 육탄전에 이를 지경이 되었다. 때마침 지게를 지고 오후면 미나리를 팔러 나오던 아저씨가 그 앞을 지나다가 가까스로 뜯어말려서야 싸움이 무마되었다.

그 후로도 지나다 보면 유난히 그 두 난전 있는 곳은 시끄럽고 소란스러웠다. 주로 국화빵을 사먹는 층이 여중생이나 초등학생들이었는데 닭꼬치 가게가 생긴 후로는 아이들이 국화빵보다 닭꼬치를 많이 사먹는 것 같았다. 그러니 아이들이 꼬치불판 앞으로 몰려들기 시작하면 국화빵을 굽던 아주머니는 화를 내기 시작해서 그곳은 늘 시끌시끌했다.

난전 할머니들은 주로 늦은 점심을 먹었다. 저녁 준비를 하려고 오후에 장에 가다 난전 주변을 돌다보면 둘 셋씩 모여 늦은 점심을 먹는 할머니들을 흔히 볼 수 있었다. 때로는 식당에서 음식을 배달시켜 먹는 할머니도 있었지만 주로 집에서 마련해온 도시락을 먹었다. 보온도시락 통에 밥을 싸온 할머니도 있고 국을 가져와 국에 밥을 말아 먹는 할머니, 그도저도 아니면 컵라면을 들고 할머니들 틈에 끼어 반찬을 안주삼아 소주나 막걸리를 마시는 할머니도 눈에 띠었다. 할머니들이 한곳에 모아놓은 반찬도 다양했다. 채소를 파는 할머니는 주로 김치나 나물이 반찬이고 생선이나 건어물을 파는 할머니 반찬은 생선조림인 것 같았다. 그러니 여럿이 둘러앉으면 진수성찬이 따로 없어 보였다. 바람 불고 비 내리는 거리 한복판에 앉아서 밥을 먹으면서도 웃음을 잃지 않고 밥을 먹는 할머니들을 보고 있으면 괜히 쓸쓸해져 시장으로 향했던 내 마음이 부끄러울 정도로 삶이 경건하게 느껴졌다.

난전상들 중 유난히 눈에 띠는 사람이 신호등 바로 앞에서 군밤을 파는 부부였다. 특히 날씨가 쌀쌀해지면서 군밤 굽는 냄새는 그 많은 음식냄새와 자동차매연을 압도할 만큼 강렬한 것이었다. 시장을 다 보고 무거운 비닐봉지들을 들고 신호등이 파란불로 바뀌길 기다리자면 옆에서 군밤냄새가 솔솔 났다. 더구나 군밤 굽는 특이하게 생긴 원통형 통에서 새로 구워내 매트를 깐 바닥에 쏟아낼 때는 그 냄새의 유혹을 뿌리치기가 쉽지 않았다.

한번은 도저히 그 유혹을 견디기 힘들어 한 봉지 사려고 구운 군밤을 분류해서 봉지에 담던 아주머니에게 값을 물어보았다. 아주머니는 귀찮다는 듯 커다란 봉지를 가리키며 오천 원이라고 했다. 그래서 식구도 적고 더구나 저녁시간에 간식으로 먹을 것이니 조금 적은 양을 살 수 없을지 다시 물어 보았다. 두 번 생각도 하지 않고 단호하게 안 된다는 아주머니의 모습에 할 수 없이 돌아서고 말았다. 그 후로도 종종 군밤냄새의 유혹에 못 견디어 몇 번인가 살까하는 생각도 해보았다. 하지만 군밤을 끼니로 먹거나 며칠씩 먹을 만큼 즐기지도 않을 뿐 아니라 군밤은 구웠을 때 바로 먹어야지 두고 먹으면 맛도 덜해 망설이다가 돌아서고 말았다. 게다가 늘 화가 나있는 듯 한 뚱한 부부의 표정에 군밤을 사는 손님에게 조차도 별 친절함을 보이지 않는 군밤 파는 부부 때문에 더 이상의 시도는 하지 않았었다.

한번은 일이 있어 시내에 나갔다가 중앙로 뒷길에서 군밤 파는 아저씨를 만났다. 우리 동네와 같은 군밤 굽는 원통형 통에서 막 구힌 군밤이 쏟아지고 있었다. 그래서 얼마냐고 아저씨에게 값을 물어보았다. 값도 똑같이 한 봉지에 오천 원이라고 했다. 그래서 너무 많아서 그러니 반만 살 수 없냐고 물어보자 아저씨는 흔쾌히 웃으며 그러라고 하며 오천원짜리 봉지에 거의 같은 양을 담아주며 이천오백 원을 내라고 했다. 조금 사는 것이 너무 미안해 아저씨에게 많다고 하고는 덜려고 하자 아저씨는 극구 만류하면서 가져가라고 했다.

군밤의 고소한 냄새와 따뜻한 군밤 봉지 덕에 따뜻해진 가방을 끌어안고 집에 돌아와 아이와 군밤을 나누어 먹으며 맛있다는 말을 반복하면서 우리 동네 신호등을 건널 때마다 궁금했던 군밤 맛을 알게 되어 속이 시원하다는 생각을 했다. 하지만 같은 장사를 하면서도 전혀 다른 태도를 보인 두 군밤장사아저씨들은 왜 그렇게 손님을 대하는 태도가 다른 걸까 하는 의문이 들었다. 바람 불고 비오는 길거리에서 장사를 한다는 건 무척 힘든 일일 것이다. 그리고 각각의 요구가 다른 수많은 사람을 상대한다는 것 역시 힘든 일일 것이다. 하지만 아무리 비슷한 상황일지라도 각각 대처하는 태도가 다른 두 군밤장사를 보며 우리가 살아가는 것도 마찬가지가 아닐까 하는 생각이 들었다. 아무리 힘들고 어려운 일이 닥쳐도 각자의 마음가짐에 따라 달리 대처하는 것이 아닐까 하는……나는 열심히 노력해서 시내에서 군밤을 파는 아저씨 같은 태도로 어려움을 이겨나가고 싶다는 바람을 하며 군밤을 꼭꼭 씹었다.

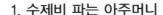

2 서문
시장

1. 수제비 파는 아주머니

내가 서문시장을 알게 된 건 친정언니 덕이었
다. 우리가 대구에 정착하고 두 달 즈음 지났을
때 친정언니와 친정어머니가 우리 집에 다니러
왔다. 하룻밤 회포를 풀고 다음날 대구 시내를 돌
아보기로 했다. 하지만 네비게이션이 없으면 집
에서 조금만 벗어나도 어디가 어딘지 모르는 나
로서는 친정어머니와 언니를 안내하여 어디를
가야할지 알 수 없었다. 그래서 어디를 가볼까 망
설이는데 친정언니가 어디선가 들었다며 서문시
장이 규모도 크고 특히 대구가 패션산업이 발달
한 곳이라 좋은 옷가게가 많다는 소리를 들었다
며 서문시장에 가보자고 했다.

네비게이션 목적지를 서문시장으로 설정하고
출발하기 시작했다. 낯선 도시에다 차를 산지 한
달 정도 지나서 차도 익숙하지 않아 어설프기 짝
이 없었지만 워낙 운전을 잘하는 언니가 조수석
에 앉다보니 옆에서 이렇게 저렇게 방향지시를
잘해서 어렵지 않게 시장을 찾을 수 있었다. 물론
내가 운전에 정신이 팔려 긴장하는 사이 뒷자리

에 앉아 대구 시내를 돌아보던 친정어머니는 "대구 시내가 이렇게 작았었나. 내 기억에는 무척 크다고 생각했었는데. 그래도 어디가 어딘지 전혀 모르겠구나." 하는 웅얼거림을 들을 수 있었다.

미국으로 가기 1년 반 전에 운전면허증을 땄다. 남편은 지하철로 출퇴근하고 주말에만 차를 썼다. 주중에 아이 때문에 병원에 간다든가 외출하려면 아이와 기저귀가방, 간혹은 아이와 함께 친정어머니를 모시고 대중교통수단을 이용하기가 힘들었다. 그래서 주중에는 내가 주로 차를 운전하고 시댁인 부산에 내려갈 때도 고속도로에서 남편과 교대로 운전을 했었다. 미국에서 지내는 동안 늘 차가 한 대였던 우리는 장거리 운전은 주로 남편이 했지만 매일매일 아이 학교에 통학을 시키거나 슈퍼에 가는 등의 일상사는 주로 내가 담당했기 때문에 주말에 남편이 운전을 하는 경우를 제외하고는 운전을 하지 않고 하루가 지나는 경우는 없었다.

미국에서 지낼 때는 별로 몰랐지만 막상 대구에 정착하고 보니 대구 지리도 모르는데다가 미국에서 보다 도로가 무척 좁고 무엇보다도 좁은 주차장 때문에 운전을 하는 일이 달갑지가 않았다. 어디든 널찍널찍하게 펼쳐진 주차장에 차를 주차하다가 좁은 공간에 주차를 하는 일이 여간 진땀나는 일이 아니었다.

그래서 그다지 운전을 하고 싶지 않았지만 거동이 불편한 친정어머니와 대구 지리도 모르는 세 사람이 차가 없이 돌아다닌다는 것이 힘들어 차를 가지고 서문시장에 간 거였다. 예상했던 대로 주차타워로 지어진 주차장은 들어서는 길목부터 좁았다. 좁은 길목을 보고 난감해 하는 나를 보고 친정언니가 "뭐가 좁아 이 정도면 넓은 거야. 겁먹지 마. 수동도 아니라서 언덕이라도 차가 뒤로 밀리지도 않는데 겁먹을 거 없어. 그냥 겁먹지 말고 올라가" 하는 말에 용기를 내어 주차타워로 들어섰다. 각층마다 좁은 주차 공간 안에 차들이 빼곡히 들어서 있었다. 도저히 용기가 안 나서 계속 올라가자 5층에 제법 넓어 보이는 한 자리가 보였다. 나중을 생각해서 차를 뒤로 주차하라는 언니 말에 도저히 자신이 없다고 하고는 삐딱하게 간신히 차를 구겨 넣었다.

차에서 내리자 목덜미에서 진땀이 배어 나왔다. 그런 나를 보고 언니는 "이정도면 넓은 주차장이야. 이보다 비좁고 열악한 곳이 얼마나 많은데 처음이라 그렇지 자주 하다보면 익숙해질 거야." 하는 언니의 말은 살아가면서 반은 맞고 반은 틀렸다는 걸 알았다. 정말 그 후로 보니 그 정도면 제법 여건이 좋은 주차장에 속했다. 그 후로 속속 그보다 더 비좁고 주차하기 어려운 여러 곳을 만났지만 그때마다 낯설고 힘들었다. 그래서 꼭 필요한 경우가 아니면 차를 운전하고 외출하기 보다는 대중교통수단을 선호하게 되었다.

그날은 서문시장에 도착해서 어디가 어딘지 몰라 식당을 찾지 못해서 조그마한 지하 식당에서 밥을 먹었다. 그렇게 밥을 먹고 나오다가 가판으로 이어진 식당가를 만나게 되었다. 이미 밥을 먹어 도저히 더 사먹을 수 없는 음식들이 늘어선 식당들이었지만 국물이 펄펄 끓는 솥에서 나오는 연기며 간이의자에 앉아 후루룩거리며 먹는 사람들의 열기 때문에 더 아쉬움이 남는 곳이었다.

그렇게 그날 서문시장을 돌아보며 친정어머니와 언니와 시간을 십여 년 전으로 되돌린 듯 보냈다. 늦은 결혼을 한 나와 친정어머니와 언니는 내 결혼 후 아이가 태어나자 심심하면 아이를 안거나 걸으면서 시장나들이를 했다. 사람이 복작거리는 시장은 큰돈을 들이지 않고 시간을 보내고 먹고 웃으며 떠들 수 있는 유일한 장소였다. 더구나 생활에 긴요한 물건을 마련하므로 단순히 시간만 낭비하는 것도 아니었다.

미국에서 명절이 되거나 마음이 울적하면 그 시간들이 제일 그리웠다. 복잡한 시장을 아이를 데리고 친정어머니와 언니와 앞서거니 뒤서거니 하면서 천 원에 몇 장하는 부엌수세미를 사고 "골라, 골라"를 외치는 아저씨를 보고 따라하는 아이 때문에 길을 막아서고 배를 잡고 웃던 일, 길거리 좌판에서 그 해의 유행이라는 보기에도 심난한 요란한 색깔의 립스틱을 사서 발라보고 거울을 보고 킬킬거리던 일, 몇천 원 하는 티셔츠 색깔을 고르느라 산더미 같이 쌓인 옷더미를 그 보다 더 중요한 일은 없다는 듯 심각한 표정으로 뒤적거리던 일, 그렇게 장을 보다 다리가 아프면 간이매점에서 사마시던 커피 한 잔, 그럴때면 아이는 장엄한 의식을 치르는 듯 심오한 표정으로 아이스크림을 핥아 먹었다.

그렇게 그립던 일을 대구 서문시장에서 하게 될 줄은 미국에서는 상상도 못했었다. 그렇게 알게 된 것이 서문시장이었다. 그 후로는 혼자서 계절이 바뀌어 옷을 산다던가 집안에 소소한 물건이 필요할 때, 이불보 등등이 필요할 때 서문시장을 찾았다. 한두 번인가는 차를 운전하고 갔지만 주차하기도 힘들고 주차비 아까워서 차분히 시장을 둘러보지 못하는 것도 내키지 않던 차에 동네 시장 앞에서 신호등이 바뀌기를 기다리다가 서문시장이라고 커다랗게 써 붙이고 지나가는 버스를 보게 되었다. 그래서 다음부터는 그 버스를 이용하여 서문시장을 갔다. 버스를 타니 평소 운전하느라 잘 살피지 못했던 거리 모습도 잘 보이고 이곳저곳 신기하고 가볼만한 곳이 한두 곳이 아니었다. 더구나 내가 다니는 낮 시간은 교통이 혼잡할 시간이 아니어서 버스에 사람도 없어 편안하게 앉아서 시내구경을 하며 갈 수 있었다.

지리를 잘 모르니 버스 안 안내방송에 귀를 쫑긋하면서 눈은 거리 풍경을 쫓았다. 거리간판에 '서문', '시장 앞' 등등의 용어가 속속 등장하면 바짝 긴장하고 있다가 안내방송 소리를 듣고 내렸다. 버스에서 조금 걸어가자 커다란 아치에 서문시장이라는 팻말이 보였다. 시장 초입에 있는 속옷상, 건어물상, 운동화 더미 등등 처음부터 눈길을 끄는 것이 하나 둘이 아니었다. 일단 점심을 든든히 먹고 기운을 내어 차분히 둘러보는 것이 좋을 것 같아 처음 서문시장에 왔을 때 밥을 먹고 나중에 알게 되어 아쉬워했던 간이 식당가로 향했다. 몇 개의 간이식당들이 나란히 붙어 있고 각 가게마다 호객을 하는 직원이 앞에 나와 "언니 여기 앉으소", "맛있어예"등을 연발하며 손님을 끌고 있었다. 메뉴는 대동소이했다. 잔치국수, 찹쌀수제비, 수제비, 칼국수와 여름에는 냉면이나 콩국수가 전부였다.

그중 한 가게에서 앉으라고 손짓하는 아주머니를 따라 기다란 나무의자 한편에 자리를 잡았다. 앉자마자 풋고추와 쌈장그릇이 놓이고 곧이어 뭘 먹겠느냐고 물어왔다. 수제비와 칼국수 사이에 갈등이 생겼다. 잔치국수는 너무 자주 집에서 해먹어서 별로 내키지 않았고 칼국수도 집에서 자주 해먹는 편이긴 하지만 옆에서 먹는 손님들 칼국수 면발을 보니 집에서 해먹는 상업용 칼국수 면발이 아니고 직접 뽑는지 면발이 탱탱해 보였다. 그래서 칼국수와 수제비 사이에서 망설이다가 수제비로 정했는데 수제비와 찹쌀수제비 사이에서도 결정을 내리기가 쉽지 않았다. 찹쌀수제비가 오백 원 더 비싸기에 어떤 맛일까 궁금하여 찹쌀수제비로 결정을 했다. 찹쌀수제비라고 하자 바로 호객하던 아주머니가 음식하는 아주머니에게 전달했고 아주머니는 벌써 펄펄 끓는 솥에서 한 그릇 분량의 국물을 옮겨 놓았던 냄비를 열고 냉장고에서 꺼낸 찹쌀 반죽을 떼어 넣기 시작했다. 펄펄 끓는 국물 사이로 아주머니는 익숙한 솜씨로 하얀 찹쌀반죽을 떼어 넣으며 손님을 잡느라 애쓰는 아주머니와 간간이 이야기를 주고받았다.

나무의자에 자리를 잡은 손님들은 소매상을 해서 물건을 하러 온 사람이거나 혼자 시장 나왔다가 끼니를 때우려는 할머니나 아줌마들이었다. 손님들은 자리에 앉자마자 주문을 하고는 아무 거리낌 없이 앞에 놓은 풋고추를 쌈장에 푹 찍어 먹기 시작했다. 단무지나 김치를 주는 국숫집을 보기는 했지만 앉자마자 풋고추를 주는 집은 처음이고 짤 거 같아 이 사람 저 사람 구경하면서 음식이 나오기만을 기다리자 손님을 끄느라 여념이 없던 아주머니가 내게 다가와 어묵국물을 한 컵 따라주며 "풋고추 한 번 먹어 봐 예, 맵지도 않고 아삭거리는 게 그만이라 예" 하고 권해주었다. 권해주는 데 안 먹기도 뭐해서 커다란 풋고추 사이에서 그나마 조금 작은 것을 하나 잡고 쌈장에 찍어 입에 넣자 수제비를 떼어 넣고 국물을 봐가며 고명을 올리던 아주머니가 눈을 맞추며 "안맵지 예, 처음 오시나 본데 여기는 이 아삭 고추가 명물이라 예" 하면서 웃으셨다. 정말 맵지도 않고 아삭거리는 것이 오이 맛이 났지만 쌈장을 살짝 찍는다고 했는 데도 무척 짰다.

곧이어 찹쌀수제비가 놓여졌다. 먼저 김 고명까지 놓인 수제비 국물을 한 숟가락 떠먹어 보았다. 국물에서 은은하게 멸치냄새가 나면서 고소했다. 하지만 찹쌀수제비를 한 개 입 안에 떠 넣고는 금방 후회를 했다. 옆자리에 앉아 수제비를 주문했던 아주머니 앞에 놓인 밀가루수제비는 얇은 수제비피에 국물이 비칠 정도로 노랗고 쫄깃해 보여 먹어보지 않아도 씹는 맛이 느껴질 정도로 맛있어 보이는데 찹쌀수제비는 동그란 떡처럼 뭉뚝하게 뭉쳐져서 씹으니 마치 떡을 씹는 느낌이었다. 떡을 좋아하는 사람에게는 오히려 맛있게 느껴지겠지만 떡보다는 야들야들한 밀가루수제비 피를 좋아하는 나로서는 여간 실망스러운 게 아니었다. 찹쌀수제비가 치아에 척척 달라붙는 느낌에 옆에 앉은 아주머니의 밀가루수제비를 계속 흘깃 거리며 커다란 풋고추에 쌈장을 푹 찍어 입에 넣으며 다음에는 꼭 밀가루수제비를 시켜야지 하며 이빨에 붙은 찹쌀 덩어리를 풋고추로 떼어냈다.

먹으면서 보니 서너 집이 똑같은 가게를 하고 있으면서 앞에 나와 다 같이 호객행위를 하고 간간이 배달을 하고 손님을 맞이하는데 신기하게도 서로 나란히 붙은 가게의 아주머니들이 사이가 무척 좋았다. 각자 호객을 해서 손님이 옆집으로 가도 옆으로 가기 편하게 길을 내어주고 바쁘면 옆집손님에게 휴지도 전해주고 음식을 하는 아주머니들도 재료가 부족하면 옆집아주머니에게 빌리는 등 서로가 경쟁관계이면서도 전혀 서로에 대한 적개심이 없어 보였다.

그 후로는 서문시장에 가면 그 가게에서 잠깐씩 망설이긴 하지만 결국은 밀가루수제비를 시켜서 먹으면서 다음에는 탱탱한 면발의 칼국수를 맛보리라 다짐하지만 다음에도 또 밀가루수제비를 먹게 되었다. 많은 사람이 오가는 시장이라 수제비 파는 아주머니들은 가끔씩 가는 나를 알아보진 못했다. 하지만 언제나 웃는 얼굴로 손님을 맞고 손을 바삐 움직이는 수제비 파는 아주머니들을 보고 있으면 나도 모르게 삶에 대한 의욕이 솟구치고는 했다.

2. 티셔츠 파는 아저씨

수제비를 먹고 옷가게 골목으로 들어서면서 제일 먼저 만나는 아저씨가 티셔츠를 여기저기 진열해 놓고 옆에는 집에서 편하게 입는 추리닝을 색깔별로 갖추어 놓은 아저씨였다.

먼저 시장을 한 바퀴 돌고 다 둘러 본 뒤에 사야 처음에 덜컥 사놓고 나중에 더 좋은 물건을 발견하면 후회하게 되는 낭패감을 면할 수 있기에 이것저것 눈여겨보고 옷가게가 즐비한 상가로 올라갔다.

좁은 골목에 각양각색의 옷을 빼곡히 진열해 놓은 옷가게들을 둘러보자면 옷 때문에 생긴 먼지 때문인지 숨을 쉬기가 처음에는 조금 힘들지만 시간이 지날수록 익숙해져서 숨쉬기가 편해지며 발걸음을 바삐 움직이게 된다. 한 층을 다 돌고 위층으로 올라가려면 다시 숨어있는 듯 골목이 나오고 다 돌아보고 올라가야지 하면 다시 옆으로 골목이 나와 돌다가 보면 본 듯한 가게들이고 그런 시장에 익숙하지 않아서 그런지 마치

미로 속을 헤매는 것처럼 건물구조를 파악하기가 힘들었다.

그래서 마음에 들어 값을 물어보고 비싸다 싶어 한 바퀴 돌고 와야지 하면 그 가게를 다시 찾기가 힘들어 물건을 사지 못하는 경우도 있었다. 낮시간 한가한 때라서 그런지 때로는 옷가게 주인들은 삼삼오오 밥을 시켜 먹기도 하고 때로는 서너 명이 모여 화투를 치고 있기도 했다. 어떤 골목에서는 가게마다 커피를 돌리며 "김사장이 사는 거라, 이번에 한 건 했다꼬"하며 소리치는 사람들도 있었다.

가게들을 돌다보면 대개 그 당시의 유행을 알 수 있었다. 비슷비슷한 옷이었지만 재료에 따라 디자인에 따라 조금씩 가격에 차이가 있었다. 하나 놀라운 사실은 옷가게 상가에 들어서기 전에 있었던 티셔츠 파는 아저씨의 물건이 그 당시 가장 유행하는 옷 중에서 제일 저렴한 물건들이었다는 것이다.

그래서 서문시장에 가면 꼭 그 티셔츠 아저씨 가게에서 티셔츠를 한 장 사게 되었다. 당시 유행하는 디자인의 티셔츠가 상가 안에서는 꽃무늬나 주머니 하나 더 달고 두 배의 가격이었지만 단지 무늬가 하나 없거나 주머니 하나 없지만 값은 절반이 싼 아저씨의 티셔츠는 당시의 유행을 선도하는 것이었다.

그래서 유심히 살펴보니 아무렇게나 입은 아저씨의 옷도 그렇게 봐서 그런지 당시 유행을 선도하는 최첨단의 멋쟁이가 입는 것처럼 보였다. 길거리에서 티셔츠를 팔면서도 당시의 유행을 정확히 집어내어 물건을 진열하는 아저씨는 대단한 감각이 있는 것 같았다.

서문시장을 갈 때마다 가자마자 아니면 상가를 다 둘러보고 지쳐서라도 꼭 들러서 티셔츠 한 장을 사게 만드는 아저씨는 나에게는 어찌 보면 서문시장 옷가게의 얼굴과 같은 존재로 느껴졌다. 거기다 친절하기까지 해서 물건을 많이 사서 봉지가 여럿이라 지갑을 찾느라 허둥대면 물건을 들어주며 "뭐 하러 이래 여러 봉지로 가지고 다녀 예, 내가 한 봉지로 다 모다줄게 예" 하면서 자잘한 봉지들을 커다란 검은 비닐봉지에 넣어주었다.

계절이 바뀔 때 즈음 서문시장에 가서 철에 맞는 옷을 사야지 하는 생각이 들 때마다 서문시장의 티셔츠 파는 아저씨가 생각났다. 지금쯤 그 아저씨는 어떤 티셔츠를 팔고 있을까? 그 아저씨 티셔츠를 보면 지금의 유행을 알 수 있을 텐데 하는 생각이 스치면 며칠 후에는 서문시장으로 들어서고 그 아저씨를 만날 수 있었다.

3. 신발가게 아주머니

미국에 있을 때는 아울렛 몰에서 운동화나 단화를 주로 사 신었던 나는 때로는 동네 신발가게에서 하나사면 하나는 공짜라는 세일을 할 때면 동네 신발가게에서 간편한 단화나 슬리퍼를 사 신었다.

대구에서는 무엇이든 입고신고 할 것이 없으면 서문시장으로 향했다. 그냥 시장을 둘러 볼 때 몇 군데 신발가게를 눈여겨 본 적이 있었다. 옷 상가 옆을 지나 골목을 빠져나오자 신발가게가 몇 군데 흩어져 있었다. 주로 혁대나 장신구를 파는 가게와 가방을 파는 가게 옆에 신발가게가 있었다. 슬리퍼가 필요하던 나는 한 가게의 슬리퍼를 살펴보았다. 이것저것 둘러보는데 어려보이는 듯한 아주머니가 "슬리퍼 사실라꼬 예"하면서 다가왔다. 아주머니는 신발사이즈를 묻고는 몇 개를 꺼내 놓으며 요즈음에 잘나가는 물건으로 물건도 좋고 값도 싸다며 신어보기를 권했다.

마음에 드는 것 하나를 신어보는데 아주머니

의 핸드폰이 울렸다. "그래, 정말이가. 우째 그래 잘했노, 아이고 예쁜 우리 딸내미 정말 잘했다. 그라마 상도 받나? 잘했다 정말 잘했어. 우리 장한 딸내미 엄마가 장사 끝나고 갈 때 피자 사갖꼬 가꾸마. 간식 찾아 묵꼬 퍼뜩 학원가라."하고 전화를 끊었다. 내용으로 보아 아주머니의 딸이 공부를 아주 잘한 모양이었다. 내가 넌지시 "아이고 이렇게 어려 보이는데 학교 다니는 딸이 있나 보지요? 그것도 공부를 잘하는 딸이"하자 얼굴에 웃음이 가득한 아직도 어린 티가 가시지 않은 얼굴의 아주머니는 침을 튀기며 딸 자랑을 시작했다. 자신이 남보다 일찍 결혼하는 바람에 초등학교 4학년 다니는 딸이 있는데 별로 뒷바라지도 잘해주지 못하는데도 공부를 잘해 학교에서 상이란 상은 모두 받아 온단다. 조금 전 전화도 딸이 학교에서 백점을 받아 상을 타게 되었다고 한다. 그러면서 한 평 남짓한 조그만 가게에 신발을 너무 쌓아놓아 잠시 앉기도 불편해 하루 종일 서서 이런저런 사람들의 비위를 맞추어 가며 힘들게 장사를 하지만 딸내미 생각만 하면 힘이 저절로 솟아서 전혀 힘들지 않게 장사를 한다는 것이다.

연신 웃으며 마음에 드는 것 무엇이든지 고르라며 자신이 딸 때문에 기분이 좋아 특별히 싸게 주겠다고 하는 신발가게 앳된 얼굴의 학부형인 주인아주머니를 보니 자식을 키우는 입장에서 나조차 기분이 좋아졌다. 그날 그 집에서 슬리퍼를 산 후 다음에 또 신발이 필요해서 그 신발가게를 찾게 되었고 나를 기억하지 못하는 주인아주머니에게 딸내미 안부를 묻자 금방 기억해 내고는 얼굴이 환해지며 딸내미 자랑을 하며 어쩔 줄 몰라했다.

그 넓은 시장에 그 많은 상인들이 다들 이러저러한 이유로 힘든 걸 참아가며 장사를 하고 있었다. 수많은 사람들을 대하다 보니 속이 상할 때도 한두 번이 아니고 당장 때려치우고 싶을 때도 한두 번이 아니지만 신발가게 아주머니처럼 자랑스러운 딸내미가 버티고 있을 때에는 힘든지도 모르고 그 어려운 상황을 이겨내고 있었다. 그 많은 딸내미, 아들내미, 또는 또다른 누군가를 위해서 열심히 참고 일하는 사람들 때문에 서문시장은 매

일매일 활기차고 생기 넘치는 곳이 되었을 거라고 생각하니 시장에 더 애
착이 갔다.

4. 이불가게 아저씨

미국에서 살 때 불편한 것 중 하나가 침구를 마련하는 것이었다. 물론 미국 갈 때 챙겨간 침구도 있었고 미국 시장 뿐 아니라 미국 내 큰 도시 한국시장에서도 침구를 판매하고 있었지만 내 형편에는 가격이 무척 비쌌다.

미국에서 사용하는 침대에 까는 시트 등을 구비하자면 가격이 무척 비쌌다. 특히 처음 미국에 도착해 학생으로 겨우 살아 갈 때에는 그런 걸 구비한다는 건 대단한 사치였다. 그래서 한국에서 가져간 홑이불을 침대 매트 위에 깔고 살았다. 하지만 시간이 지나자 홑이불 밑으로 들어나는 매트가 볼썽사나웠다. 그래서 침대시트를 싸게 파는 마켓에 가서 시트만 사다가 깔았다. 침대 매트 위에 시트를 깔고 홑이불을 까니 볼썽사나운 매트나 침대 다리 등이 감추어져서 좋긴 했다. 하지만 누워서 조금만 움직여도 빠져나오는 시트 때문에 자고 나면 시트 정리하는 일이 여간 번거로운 일이 아니었다. 특히 한창 성장기인 아이의 침대는 자고 나면 시트가 여기저기로 삐져나와 매일아침 이불과 홑이불을 벗겨내고 시트를 다시 깔아야만 할 정도였다.

당시에 그런 번거로움에서 벗어나려고 침대에 관련된 일체의 침구를 구비한다는 건 경제사정상 쉽지 않은 일이었다. 아침이면 매일 이번 달에는 다른 건 안 해도 침구를 마련해야지 마음먹었다가도 다른 일이 있어 지출이 생기면 그런 결심은 잊고 마는 생활의 반복이었다.

겨울이면 덮는 이불도 한국에서 갈 때 이불보를 마련해서 가져갔다. 계절이 바뀔 때마다 이불보를 걷어내고 빨아 두었다가 다시 이불보를 꿰매는 일을 반복하다보니 바느질 한 곳이 많이 낡아 여기저기 천이 찢어지기 시작했다. 그래서 전화 때마다 뭐든 필요한 거 있으면 말하라는 친정엄마의 말에 이불보를 보내 달라고 했다. 그래서 이불보를 갈게 되었지만 이불보를 보내온 우편비용을 보니 차라리 미국에서 살 걸 하는 후회가 슬며시 되었다.

그렇게 덮던 이불을 가져오면서 친정어머니가 비싼 우편료 들여 보내주었던 이불보는 낡아서 버리고 왔다. 이불보가 필요한 계절이 되자 서문시장으로 향했다. 침구를 파는 상가로 들어서니 눈이 너무 부셨다. 한복과 침구가 그렇게 화려한지 다시 한 번 확인하는 순간이었다. 아이 돌 때 이후 한 번도 입지 않았던 한복이라서 전혀 관심이 없었지만 상가에 걸려 있는 한복들은 유행이 바뀌어 색깔도 그렇고 더구나 오랜만에 보는 것이라서 그런지 그렇게 고울 수가 없었다. 눈을 크게 뜨고 한복을 보며 여기저기 기웃거리자 어떤 한복이 필요하냐며 이 가게 저 가게에서 물어왔다. 한복을 살게 아니라며 지나쳐 이불가게 쪽으로 갔다.

이불도 유행을 타는지 얇고 현란한 색상이 눈길을 끌었다. 구경하다가 상가구석에 걸린 조각이불이 눈에 들어왔다. 구경하기 위해 그 가게로 가자 주인아저씨가 말을 건네 왔다. 이불보가 필요하다며 조각이불에 눈을 떼지 못하자 주인아저씨는 몇 개의 이불보를 보여주다가 내가 조각이불에 눈길을 주는 걸 알고는 이불보도 저렇게 조각이불 같은 무늬가 있는 것이 있다며 기다려 보라고 하고는 어딘가로 사라졌다.

내가 그렇게 조각이불에 눈을 떼지 못하는 건 미국에서 많이 본 퀼트작품들과 닮아 있어서였다. 미국 케이블 방송에 홈엔 리빙이란 방송이 있다. 그 방송에서는 집안이나 정원을 꾸미는 여러 방법을 알려주기도 하고 잘 꾸며진 집을 방문하여 직접 보여주기도 하였다. 때로는 시리즈로 오랜 동안 작품처럼 간직되어온 퀼트 작품을 보여주고 퀼트에 대해서 교육을 하기도 했다. 미국 건국초기에는 여자들이 퀼트로 많은 것을 만들어서 그 당시의 작품은 대단한 고가품으로 박물관에서 전시를 하기도 한다. 여행을 가서 새로운 도시를 방문하여 박물관을 찾았다가 퀼트 전시품을 발견하면 그 앞을 떠나지 않고 오랜 시간 관람을 해서 남편과 아이를 지치게 할 만큼 퀼트는 내 눈길을 사로잡았었다.

그래서 몇 번인가는 미국 도서관에서 퀼트에 관한 책도 빌려 보고 미국 수예점에도 가서 퀼트에 관한 책도 사고 퀼트 재료도 사서 혼자 시도해 보기도 했지만 중고등학교 시절 가정시간에 하는 수예숙제조차도 친정어머니가 대신 수를 놓아 주실 정도로 소질이 없던 나로서는 퀼트를 한다는 건 불가능한 일이었다.

그 후 우연히 도서관에서 '아메리칸 퀼트'라는 DVD를 발견하고 빌려와 집에서 보고는 한동안 그 영화의 매력에 푹 빠졌던 적이 있다. 그 영화의 소재인 퀼트와 영화의 배경인 캘리포니아와 오렌지 농장이 너무 잘 어우러져 오랫동안 여운이 남았다. 퀼트는 혼자 할 수도 있는 것이지만 그 영화에서처럼 여럿이 어울려 같이 한다면 배우기도 하고 지루함도 덜고 더 좋은 창작아이디어도 내고 좋을 것이란 생각을 하고는 내가 해보겠다는 생각은 접었다.

그런데 서문시장 이불가게 한 쪽에 걸려있는 조각이불의 알록달록 화려한 듯하면서도 따스한 느낌을 주는 그 이불을 보는 순간 미국의 낯선 도시 박물관에서 우연히 퀼트 작품을 발견한 것처럼, 우연히 도서관에서 발견한 DVD로 본 영화 속 퀼트처럼 눈길을 돌리기 힘들었다. 그렇게 한동안 조각이불을 보느라 시간 가는 줄 모르고 서있는데 어디론가 사라졌던 이불가게 아저씨가 땀을 뻘뻘 흘리며 이불보를 하나 가지고 나타났다. 유행이 좀 지난 거라 창고 깊숙이 들어가 있어 찾기가 힘들었다며 보라색 면으로 된 이불보를 보여주었다.

보라색 면 이불보는 조각이불 모양을 프린트한 무늬일 뿐이었다. 하지만 언뜻 보면 마치 조각조각 이어 붙인 것 같아 마치 조각 이불보 같았다. 퀼트 작품 같은 조각이불을 보다가 짝퉁인 조각이불 무늬가 있는 이불보를 보니 실소를 머금을 수밖에 없었지만 손님의 눈길 하나도 놓치지 않고 창고 깊은 곳에서 이불보를 찾아온 주인 아저씨의 성의가 고맙고 게다가 자세히 보니 그런대로 따스하고 포근한 느낌이 들어 아이의 이불보로 샀다. 그리고 나머지 두 개의 이불보는 당시에 유행한다고 아저씨가 권해주는 인견이불보를 선택했다. 집에 돌아와 이불보를 세탁하여 이불에 꿰매고 보니 방 안이 환해지고 덮어보니 따스했다. 특히 조각이불 같은 아이의 이불보는 아이의 방분위기를 포근하게 바꿔주고 덮으니 그 느낌이 너무 좋았다.

그때가 특히 추워지려는 늦가을 즈음이라서 그랬는지 때때로 밀려오는 말로 표현할 수 없는 허전함을 추스르기 위해 나선 시장 나들이였는데 조그만 이불가게 한구석에 걸린 조각이불과 그 가게 주인아저씨의 따스한 마음씨 때문에 그때의 허전함을 달랠 수 있었다. 그 겨우내 이불을 덮을 때마다 조각이불과 퀼트 작품과 영화 속 캘리포니아 오렌지 농장과 동시에 고마운 이불가게 아저씨 생각이 났다.

5. 멋쟁이 사장님들

원래 길눈이 어두운 편은 아닌데도 몇 번을 방문한 서문시장이건만 도무지 시장 내 옷 상가의 길은 종을 잡기 어려웠다. 여기인가 싶으면 저기 같아 감을 잡기가 힘들었다. 다만 여러 번 반복해서 가다 보니 어디쯤인가 가면 갑자기 물건이 달라지고 물건을 판매하는 사람들이 멋쟁이로 바뀐다는 걸 알게 되었다. 물건이 국내의 고급품인 경우도 있고 외국 수입품인 경우도 있고 짝퉁도 있는 것 같았다. 물론 백화점의 수입상가 쪽이나 고급의류 상가에 가면 흔히 만날 수 있는 물건들이지만 시장 한복판에서 그와 같은 물건을 만나거나 때로는 주변 상황 때문에 더 멋있거나 고급품목으로 보이는 물건을 보면 눈이 휘둥그레졌다.

사람 많은 난전을 빠져나와 물건이 켜켜이 쌓인 상가들을 헤집다가 어느 한순간 물건이 조금씩 차분히 진열된 상가에 너무나 멋진 여자, 남자들이 완벽한 화장을 하고 액세서리로 한껏 멋을 내고는 손님을 맞는 모습을 보면 괜히 주눅이 들기도 했다. 물론 물건의 가격도 내 형편(사실 미국에서 살기 시작한 언제인가부터는 내 형편이라는 것이 늘 청바지와 간편한 티셔츠만이 어울리는 그런 것으로 생각되었다. 물론 때로는 자리에 따라 엄숙한 차림이 필요할 때도 있었지만 그건 일 년에 한두 번뿐이고 그런 때는 한국에서 처녀 때 입다가 미국까지 가져온 옷으로도 얼추 해결이 되었다. 더구나 내가 미국에서 만나는 사람이라고 해봐야 아이 학교나 남편 학교나 직장에 관련된 사람이 전부이다 보니 그런 차림으로 살아도 아무런 불편함이 없었다. 그러다 보니 자연스럽게 그렇게 옷을 입는 것이 내 형편이 되었다)과는 맞지 않는 것이었지만 그래도 그냥 보기만 해도 좋은 그런 상가였다.

어떤 사장님은 당장 파티나 텔레비전의 화려한 드라마 주인공으로 나가도 손색이 없을 정도로 멋있고 빛이 났다. 벨트나 조그만 지갑을 파는 어떤 멋쟁이 사장님은 분명히 예쁜 얼굴은 아닌데 화장법이 독특해서 그런지 거리에서 흔히 볼 수 없는 특별한 분위기가 났다. 물건을 살 생각은 전혀 없었지만 진열된 물건을 보는 것과 그 물건을 파는 사람들을 구경하는 것만도 내게는 커다란 즐거움이었다.

물론 때로는 마음에 드는 물건이 있어 가격을 물어 볼라 치면 내 옷차림 아래 위를 한번 훑어보고는 네 형편에는 가당치도 않는 물건이라는 듯이 들릴락말락한 모기만한 소리로 겨우 대꾸해 오는 사장님을 보자면 참 눈썰미가 대단하다는 감탄을 하며 지나치기도 한다.

미국에서 지낼 때 명절이나 대단한 공휴일이 되면 때론 집에 쓸쓸히 세 식구 오도카니 지내기보다는 살 것도 없으면서 시끌벅적한 백화점을 찾기도 했다. 여러 백화점이 함께 붙어 있는 백화점상가는 가격에 따라 어떤 백화점은 주로 저가품을, 어떤 백화점은 주로 고가품을 판매하는 등 가격에 따라 백화점의 성격이 구별된다.

특히 고가품을 판매하는 백화점은 사람이 별로 없고 상가도 뚝뚝 떨어져 있어 여기저기 앉아서 쉴만한 곳도 많고 음악도 은은하게 흘렀다. 사람이 북적 거리는 저가 상품이 많은 백화점을 헤매다가는 조금 쉬고 싶어 고가품 백화점으로 향하면 특히 남편과 아이는 가기 싫어했다. 나는 그저 쉬고 싶은 마음에 발길을 돌렸고 천천히 상품을 구경하다 내 차림을 보고도 백화점 점원인 푸근하게 생긴 아주머니나 할머니는 내가 물건에 대해 물으면 성의 있게 답을 해줄 뿐 아니라 때로는 그와 비슷한 상품까지 비교해주는 성의를 보이며 친절하게 답을 해주는 경우도 있었다.

글쎄, 가진 사람만의 여유라고 할까 미국에서 그런 대접을 받는 경우가 종종 있었다. 주눅이 들만큼 화려하고 고급품만을 취급하는 백화점에서 친절하게 대접을 받다보면 괜히 그럴 의도나 사실 형편도 안 되면서 무리해서 한번 사볼까 하는 유혹에 간혹 빠져보기도 한다. 물론 그런 유혹에 빠졌다가는 금방 헤어나오기는 하지만.

물론 서문시장 멋쟁이 상가의 사장님들은 호객을 하는 경우는 없었지만 그냥 혹시나 하는 마음에 물어보면 모기만한 소리로 사람을 무시하는 사장님도 있고 생각 밖으로 적극적으로 응대하는 경우도 있었다. 마치 미국에 으리으리한 고급백화점 멋쟁이 푸근한 할머니 점원처럼 말이다.

그런 의미에서 멋쟁이 사장님이 즐비한 상가를 지나가는 건 복작거리는 서문시장 상가에서 내게는 늘 먹는 일상적인 음식이 아니라 별식을 어쩌다 먹게 되는 것과 같은 즐거움이었다.

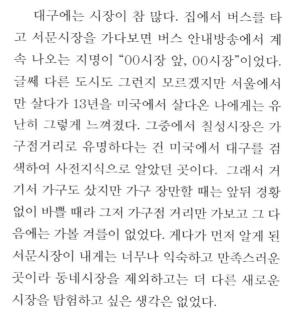

3

칠성
시장
_납작 만두
파는 할머니

대구에는 시장이 참 많다. 집에서 버스를 타고 서문시장을 가다보면 버스 안내방송에서 계속 나오는 지명이 "○○시장 앞, ○○시장"이었다. 글쎄 다른 도시도 그런지 모르겠지만 서울에서만 살다가 13년을 미국에서 살다온 나에게는 유난히 그렇게 느껴졌다. 그중에서 칠성시장은 가구점거리로 유명하다는 건 미국에서 대구를 검색하여 사전지식으로 알았던 곳이다. 그래서 거기서 가구도 샀지만 가구 장만할 때는 앞뒤 경황 없이 바쁠 때라 그저 가구점 거리만 가보고 그 다음에는 가볼 겨를이 없었다. 게다가 먼저 알게 된 서문시장이 내게는 너무나 익숙하고 만족스러운 곳이라 동네시장을 제외하고는 더 다른 새로운 시장을 탐험하고 싶은 생각은 없었다.

하지만 서문시장 가는 길에 버스는 칠성시장 주변을 샅샅이 훑고 지나는 탓에 가보지 않아도 가본 것과 다름없을 정도였다. 그러던 중 칠성시장을 직접 가볼 기회가 생겼다.

대구역 쪽에 일이 있어서 갔다가 그동안 대구 지리에 조금 익숙해져서 어느 정도 걷다가 집에 가는 버스를 타도 될 것 같아 걸었다. 칠성시장이란 팻말을 보고 그 쪽으로 가면 집으로 가는 길 일거라는 추측을 하며 걷다 보니 시장이 나타났다. 새로 지어진 주차장이 환하게 보이고 주변의 그릇상가가 보였다.

그릇가게들은 경쟁이라도 하듯 산처럼 그릇을 쌓아 놓아 마치 거대한 그릇 성을 보는 것 같았다. 미국에서 아울렛 몰에 가면 둘러보는 가게가 정해져 있었다. 그 중에 하나가 그릇가게였다. 물론 뭐 대단한 요리를 하거나 손님초대를 해서 그릇이 꼭 필요해서가 아니라 사지 않을 거라도 다양한 그릇을 살펴보고 그 효용에 대해서 알아보고 계절에 따라 달라지는 그릇을 보고 있으면 그들의 생활도 짐작이 되어 재미있었다. 그중에서도 특히 가을 추수감사절이나 겨울 크리스마스 시즌에 진열되는 그릇을 구경하는 것은 특별한 것이었다. 컵이나 숟가락 하나에도 호박이나 칠면조, 옥수수 껍질, 빗자루를 타는 마녀 등의 재미있는 그림이나 장식을 붙이는 걸 보면 그 날의 의미가 그들에게 얼마나 중요하고 그걸 얼마나 즐기는지 알 수 있었다. 거기다 크리스마스에 차려지는 상차림은 또 얼마나 화려한지, 그 알록달록한 무늬와 눈이나 눈썰매, 산타크로스 등등 그들이 얼마나 크리스마스를 일 년 내내 기다려 왔고 그 기간을 어떻게 지내는지 등을 추측할 수 있었다.

그래서 아울렛 몰만 가면 그릇가게로 달려가고 그 많은 그릇을 하나하나 찬찬히 둘러보다가는 한쪽 구석에 크리어런스 세일(마지막 세일)하는 코너(내가 그릇가게로 달려가면 남편과 아이는 가게 밖 의자에 앉거나 서서 구경하며 기다려 주었다. 때로는 아이가 따라 들어와 내 뒤를 따라 다니다가 크리어런스 세일 코너에 다다르면 "엄마가 제일 좋아 하는 곳이네" 하고 귀에 속삭였다. 그럼 우린 서로 눈을 맞추고 의미심장하게 웃었다. 아이는 눈으로 그렇게 말하고 있었다. "결국 여기에만 볼 일이 있으면서 아닌 것처럼 돌아다녔잖아." 하고)에서 숟가락이나 포크 또는 컵 하나라도 마음에 드는 것이 있으면 골라서 사고는 그걸 집에 가져가서 꺼내 쓸 때마다 행복해했다.

그때처럼 그릇가게를 발견하니 너무 흐뭇했다. 하지만 칠성시장 내 그릇가게는 주로 상인들을 위한 가게로 물건이 구경하기 좋게 진열하기 보다는 많이만 쌓아 놓는 데 주력해서 구경하고 다니기가 쉽지 않았다. 거기다 물건의 높이에 압도되어 그저 조금 구경하다가 나오고 말았다. 주로 상인들을 상대해서 그런지 그릇가게 아저씨들도 한눈에 내가 손님으로 보이는 것 같지 않았다. 지나가도 그저 한번 힐끗 보고는 그만이었다. 역시 아저씨들의 눈썰미 하나는 대단했다.

조금 둘러보자니 배가 고팠다. 마침 이런저런 음식을 파는 간이음식점이 많았다. 시간이 늦은 오후라서 그랬는지 음식점에는 주로 배달이나 일과를 끝내고 피로를 풀기 위해 빈대떡이나 순대를 안주 삼아 술을 마시는 아저씨들이 많았다.

한 할머니가 하는 간이식당에는 주로 국수종류가 많았다. 그래서 자리를 잡았다. 할머니는 "뭘 줄까"라는 듯이 눈을 맞추었다. 메뉴 중에 납작만두라는 음식이 생소했다. 어디선가 대구에서 시작된 대구의 명물이라는 이야기를 들은 것 같았다. 그래서 납작만두 소를 시켰다. 할머니가 철판에 기름을 두르고 한쪽에 쌓아두었던 납작한 밀가루 만두 더미에서 몇 개인가를 꺼내 철판에 올려놓자 기름이 "치지직" 하는 소리를 내며 곧 고소한 냄새가 났다. 조금 있다 뒤집어서 다시 굽더니 접시에 담고 양념을 뿌려서 내 앞에 놓아 주었다. 주시며 양념이 배게 조금 있다가 먹으라는 당부도 잊지 않으셨다. 조금 시간이 지나 고춧가루와 파 양념이 밴 납작한 만두를 베어 물어 보았다. 기름을 두른 바삭한 밀가루 피와 따뜻한 만두 속의 즙이 입 안에 어우러져서 파삭하고 고소한 맛이 나는데 곧이어 고춧가루와 파의 양념 맛이 더해져서 조금 짜면서도 뭐라 표현하기 힘든 오묘한 맛이 났다. 처음 먹어보는 것이었지만 조금 짤 뿐만 아니라 그냥 만두보다는 밀가루 튀김 같기도 하고 그런가 하면 만두 같기도 한 특이한 맛을 느낄 수 있었다.

그렇게 먹으면서 주변을 둘러보니 여기저기 술을 마시며 안주로 허기를 달래는, 한눈에 보기에도 하루를 아주 힘들게 보낸 것 같은 많은 아저씨들을 볼 수 있었다. 그런 아저씨들을 상대하는 식당 아주머니들은 인심이 아주 좋아서 안주를 조금 시켜도 꼭 고기국물이나 된장국 같은 국물을 같이 옆에 놓아 주는 걸 볼 수 있었다.

하긴 한국 음식이 대체로 그렇기도 하지만 대구를 비롯한 경상도지역 사람들은 특히 모든 음식에서 국물을 빼고는 이야기 할 수 없는 것 같다. 물론 나의 가족적인 배경 탓도 있겠지만. 친정어머니는 언제나 음식을 마련할 때는 국이나 찌개를 무엇으로 할 것인지부터 생각했다. 결혼 후 시어머니도 음식을 마련하시자면 국이나 찌개부터 마련하셨다. 그래서 그런지 국물 없는 식사는 생각할 수 없었는데 그런 우리 식구를 때로는 주변에서 이상하게 생각하는 사람도 있었다. 그래서였을까 소주를 시키면 안주를 시키기도 전에 국물에 숟가락을 담아 내놓는 식당 아주머니들이 무척 친근하게 느껴졌다.

납작만두로 한껏 부른 배를 안고 돌아보다 보니 중고 가전제품을 산처럼 쌓아놓은 중고품 가게가 보였다. 가전제품은 없는 게 없어 보였다. 커다란 식당용 냉장고부터 조그만 음료냉장고며 오븐, 가스레인지 등등 종류를 헤아릴 수 없을 만큼 많은 물건들이 놓여 있었다. 도대체 그 많은 물건들을 쓰다가 처분하는 사람들은 누구이고 또 저 물건들을 가져가 쓸 사람들은 누구일까 궁금해 하며 그 많은 사람들이 거래하고 있는 칠성시장을 뒤로 하고 집으로 향했다.

Ⅳ. 교육환경

1. 교감선생님

미국에서 한국으로 돌아오려 할 때 제일 망설여졌던 것이 아이의 교육문제였다. 미국에 살면서도 남편이 직장을 옮긴다거나 이사를 간다고 할때 제일 큰 문제가 아이의 교육문제였다. 아이가두 살 반, 한국을 떠나려고 할 때 아이의 교육문제는 전혀 고려사항이 아니었다. 아이가 너무 어려그저 집에 데리고 있으면 그만이라고 생각할 때미국에서 살다온 대학동창과 연락이 되었다.

친구는 안부와 출국준비에 대해서 묻다가 아이에 대해 물어서 그저 집에 데리고 있을거라는나의 말에 펄쩍 뛰었다. 단 일 년을 지낸다고 해도아무리 아이의 나이가 어려도 더구나 주변에 친지도 없는데 하루 종일 엄마와 단둘이 집에만 있는다는 건 아이에게도 나에게도 모두 안 좋다는것이다. 아이는 영어는 한 마디도 배울 수 없을 것이고 나는 나대로 아이 때문에 아무 것도 할 수 없을 거라며, 특히 학생에게는 자녀 교육비에 대한할인을 해주는 등 학교에 딸린 유치원에 여러 가지 혜택도 있고 아니면 저소득층을 위한 유치원

도 찾아보면 많다며 그런 곳에 하루 반나절이라도 보내야 한다는 거다. 그래서 친구의 조언대로 아이의 건강진단 서류를 준비해서 미국으로 갔다.

정말 친구의 말대로 남편 학교에 딸린 부설 유치원에서는 아이의 학비를 실비로 해주었다. 그래서 미국생활 처음부터, 아이 나이 두 살 반부터 미국에서 교육이 시작되었다. 아이는 말을 일찍 시작해서 미국으로 갈 때는 웬만한 의사소통 뿐 아니라 유행가를 따라 부를 정도로 한국말에 능통했다. 그런데 갑자기 환경이 바뀌고 말이 달라지고 거기다 학교라는 생소한 곳을 가니 처음에는 적응을 못하고 힘들어 했지만 시간이 흐를수록 학교에 적응하면서 학교는 이 세상에서 제일 재미있는 곳이란 생각을 하게 되었다.

그도 그럴 것이 처음 미국에 도착한 우리는 늘 긴장상태였고 남편은 나이가 들어 공부를 시작한, 게다가 가족까지 함께 한 유학이라 중압감 때문에 공부에 매달렸고 난 처음 하는 외국 생활에 초긴장해서 늘 집안은 조용했다. 뿐만 아니라 주변에 친지가 없으니 아이는 집에서 늘 심심해했다. 학교기숙사에 사는 동안 아이들이 있을 때는 놀이터에 나가 아이들과 어울릴 수 있었지만 날씨가 더운 지역이라 그것도 시간이 극히 제한되었다. 그러니 학교가 유일한 즐거운 곳이었다. 처음 얼마동안을 빼고는 학교 파할 시간이라 집에 돌아오려고 하면 "5분만"을 외치면서 학교에서 더 있으려고 애를 썼다. 주말에도 학교에 가는 남편을 차로 데려다 주다가 아이 학교를 지나가면 아이는 학교가 가고 싶다고 할 정도였다. 미국 유치원에서 처음 상담을 할 때 선생님이 무엇보다도 아이가 살아가는 동안 뇌리에 '학교는 즐거운 곳'이란 생각을 갖게 된 것이 앞으로 아이의 장래에 매우 긍정적인 영향을 끼칠 것이란 말을 했고 그 말은 지금까지도 틀리지 않는다.

그렇게 아이는 미국학교에 적응했고 모든 면에서 뛰어나고 활동적이었다. 사춘기가 되어 자신의 정체성에 대해서 조금씩 눈뜨기 전까지는 아주 만족한 생활을 했다. 사춘기가 되면서 점점 학교 갈 때마다 음식냄새에 신경을 쓰기 시작하고 아시안이라는 한계에 대해 느끼면서 아이는 의식적으로 그 한계를 뛰어넘고 싶어 했다.

그러다 앞에서 이야기 한 여러 가지 사정으로 귀국하려 하자 아이도 당연히 귀국하겠다고 했다. 아이 학교 선생님이나 같은 학교에 다니던 한국아이들 부모는 내게 아이 혼자 두어도 자신이 원하는 학교에 가고 자신이 원하는 일을 얼마든지 할 텐데하며 안타까워했다. 하지만 워낙 가족적으로 지내왔던 가정생활이나 아이도 오랜 외국생활에 지쳤던 건지 우리와 함께 돌아가겠다고 했다.

아이는 아주 어려서부터 집에서 나와 함께 한글공부를 해왔고 초등학교 때부터는 친정어머니가 해마다 보내 주시는 한국교과서로 국어와 사회 등의 과목을 공부해 왔었다. 하지만 아무리 그래도 미국학교에서 보내는 시간과 과외활동 등으로 한국공부에 보내는 시간은 턱없이 부족한 건 사실이었다. 중학교 교과서와 역사관계 서적, 근대문학 소설 등을 방학을 이용하여 같이 공부 하긴 했지만 아무래도 학교에서 충실히 공부한 것과 견주기 힘들 것이다.

그래서 한국학교를 보낸다는 사실이 조금 두렵기는 했지만 결국 아이로서는 한국에 산다면 한 번은 넘어야 할 산이었다. 아이도 아무리 힘들어도 미국에서 혼자 외롭게 지내는 것만 하겠냐고 호기 있게 이야기했지만 귀국 날짜가 다가오자 약간 두렵긴 한 것 같았다.

남편이 대구의 아파트를 정하고 아이 학교를 방문했다는 소식을 전화로 전해왔다. 남편이 만난 사람은 아이학교 교감선생님이었다. 교감선생님도 아이 이야기를 듣고는 난감해 했다는 것이다. 세 살에 다닌 한글학교 6개월 말고는 12년을 집에서 엄마가 가르친 아이가 과연 한국 중학교 3학년 생활을 견디어 낼 수 있을지 하는 의문에서부터 과연 한국말 소통은 가능한지 의문스러워 했다는 것이다. 조기 유학을 다녀오는 애들 몇 명은 보앉지만 이런 경우는 처음이라며 일단 아이를 테스트 해보고 결정하겠다는 것이다. 그 이야기를 들으며 가슴이 철렁했다. 집에서 가르친다고 가르치고 문제집도 구해서 중학교 과정 문제를 풀어보면 곧잘 풀고는 하는데 그건 단지 부모의 눈으로 보는 실력일 뿐 학교는 또 어떻게 받아들일지 걱정이었다.

그리고 며칠 후 남편에게서 아이가 갈 학교 교감선생님이 전화하셔서 교육부에 알아보니 미국정규학교를 다녔다면 테스트를 하지 않아도 된다며 아이가 오면 서류 가지고 학교로 오라고 했단다. 그 이야기를 들으며 예전 일이 생각났다.

보스턴에서 샌프란시스코 서버브로 이사 갈 때였다. 그전에도 두 번이나 이사를 해서 아이가 학교를 옮기는 것에 대해서 별 두려움이 없었던 때였다. 초등학교 3학년 올라 갈 때였다. 미국 내이지만 동부에서 서부로 이사 가는 건 마치 외국으로 이사 가는 것과 같았다. 거리가 멀어 비행기를 타고(물론 여행 삼아 차로 1주일정도 걸려 갈 수도 있었지만 여행이 아니라 이사를 가기에는 마음이 그렇게 여유롭지 못했다) 가는 것도 그렇고 비행기에서 내려 본 주위 경관도 그랬다. 도로나 자라는 나무 등등 여러 가지가 너무 달랐다. 아이 학교가 더 그랬다. 동부의 학교들은 신흥 동네가 아닌 한 대체로 역사가 오래되어 건물 담이며 외관 그리고 내부로 들어서도 관록을 느낄 수 있었다. 그리고 대체로 단층보다는 적어도 이삼층은 되는 건물들이었다. 그런데 서부 특히 우리가 살게 된 샌프란시스코 서버브의 학교는 역사도 얼마 되지 않을 뿐 아니라 대체로 단층건물이었다. 그 건물도 허허 벌판에 마치 임시 가건물 같은 모양이었다. 처음 이사가 아이가 가게 될 학교를 보고는 가슴이 턱 막혔다.

당시는 산호세의 벤처붐이 막바지에 달해 갈 때였다. 갑자기 시작된 벤처붐으로 사람들이 산호세로 몰려드는 바람에 그 여파가 우리가 사는 동네까지 영향을 끼쳐 주택가격이 상승하고 공립학교에 선생님들이 모자라며 아주 부자 동네가 아닌 한 공립학교 재정이 형편없어 공교육이 위기에 몰렸을 때였다. 우리 형편에 학군이 최상급인 곳에 집을 구할 수는 없고 그 저 중간은 된다는 곳에 구했었다.

새로 갈 학교를 방문하고는 마음이 편하지 않았다. 개학 첫날 학교에 가보니 선생님들이 대체로 할머니들이었고 간혹 할아버지 선생님이나 중장년층의 선생님이 보였다. 학교 행정직원을 제외한 나머지 교직원은 다들 정년퇴직을 앞두고 있는 것 같았다. 아이가 그전에 다닌 학교들은 중소 도시이다 보니 학군이 최상위에 속해서 선생님들이 그 학군에 오기 위해 경쟁을 하는 터라 대체로 젊거나 나이가 들어도 활력이 넘쳤었다. 그런 선생님들만 보다가 이사 간 곳 학교에 선생님들을 보니 어색했다. 뉴스에 따르면 교사가 부족해 정년퇴임하려는 선생님을 설득해서 계속 근무하게 하고 일찍 퇴직한 교사들을 소집해 재임용할 정도로 교사가 부족하다더니 그 학교가 딱 그랬다. 아이를 맡게 된 선생님은 유난히 신경질적으로 보였다. 아니나 다를까 첫날 학교에 다녀온 아이는 무척 우울해 보였다. 단순히 전학을 가서 받게 되는 그런 생소함만은 아닌 것 같았다. 늘 학교가 즐거운 곳이라고 생각하는 아이가 그러니 너무 이상했다. 조금 마음을 가라앉힌 아이에 따르면 선생님이 무척 신경질적이고 날카롭다는 것이다. 거기다 첫날이라고는 해도 초등학교 1학년 때 배우던 것을 조금 배우고는 하루 종일 그림(아이는 이상하게 유난히 그림을 못 그리고 그래서 그런지 그림 그리기를 싫어했다)만 그리라고 해서 너무 지루했다는 것이다.

그런데 그날 밤 아이는 자다가 악몽을 꾸었다. 우리 방에 달려와 내 품에 안기더니 엄마 말 잘들을 테니 한글공부 하듯이 집에서 엄마와 홈스쿨링(당시 미국에서도 교육문제가 크게 대두되면서 공교육을 불신하는 몇몇 학부모들이 교육부의 관리 하에 집에서 아이들을 가르치는 홈스쿨링이 대 유행이었다.)을 하면 안 되겠냐며 우는 거였다. 다음날 학교로 찾아가 아이가 너무 지루해하니 월반을 할 수 없냐고 물어 보았다. 그 학교는 그런 제도가 없지만 담임선생님께 이야기해서 특별히 지도하겠다는 약속을 받고 돌아왔다. 그날 학교에 다녀온 아이는 담임선생님이 다른 아이들은 수업시간에 다들 초등학교 1학년 수준의 공부를 하는데 자신만 따로 초등학교 5학년 책을 주며 혼자 공부하라고 했다는 것이다.

그 이야기를 듣고 다음날부터 사립학교를 알아보았다. 처음에는 더 나은 학군의 학교가 있는 곳으로 이사를 가려고 했지만 이사 오자마자 이사를 가기에는 비용이 너무 들었다. 그래서 그 비용으로 차라리 사립학교를 보내자고 학교를 알아보았다. 우리 형편에 맞는 최선의 사립학교를 알아내어 일주일 만에 아이를 전학시켰었다. 물론 새로 전학한 학교도 아이가 보스턴에서 다니던 학교처럼 선생님이나 제반 여건이 좋은 건 아니었지만 적어도 하루 종일 신경질을 부리거나 그림만 그리라고 하고 아이 혼자 공부하라는 그런 선생님은 없어서 그런대로 지낼 만 했다. 그리고 일 년 후 학군이 조금 나은 곳으로 이사를 하고 어차피 보스턴에서의 학교와는 달리 그 곳에서는 보스턴 학교정도의 학력을 아이가 유 하려면 학교만 믿어서는 안 되고 부모가 알아서 독서 지도나 여타공부를 시켜야만 했다.

물론 그때보다 아이가 훌쩍 컸지만 그 기억이 되살아나며 혹시나 아이가 적응을 못하면 어쩌나 하는 걱정이 앞섰다. 그래서 아이에게 조금 시간을 주고 싶었다. 아이에게 너무 급하게 생각하지 말고 시차도 적응하고 환경에 적응도 할 겸 조금 쉬었다가 학교에 가고 싶어지면 가도 된다고 안심시켰다. 처음에는 그래도 되냐고 좋아하던 아이가 남편이 집이 안정되면 곧 직장에 나간다고 하니 자신도 신학기가 시작되는 첫 날 그냥 등교하겠다고 해서 나를 놀라게 했다. 그래서 이사하고 곧이어 학교를 찾아가서 교감선생님을 만났다. 교감선생님은 대구토박이 중년나이의 온화하고 의욕적인 여자선생님이었다. 인상 좋은 교감선생님은 아이의 서류를 하나하나 훑어보더니 공부를 무척 잘했다며 간혹 조기유학하고 귀국하는 아이들을 보긴 했지만 아이처럼 전혀 한국공교육을 처음 받는 아이는 처음이라며 힘들지만 학교도 부모도 아이도 다 같이 노력하자며 이런저런 유의사항을 일러 주었다.

개학하기 전 학교 행정실에 들려 헌 교복도 받았다. 아이는 중학교 3학년으로 진학하는 것이라 새로 교복을 사기에는 너무 아까웠다. 마침 학교에 졸업생들이 기부한 헌 교복이 있다고 해서 실비만 내고 받아와 세탁을 해서 학교 갈 준비를 했다. 나중에 만난 교감선생님은 아이 기분을 생각해서 새 교복을 사주지 그랬냐고 했지만 오히려 아이가 더 헌 교복을 좋아했다. 아이가 다니던 미국 공립학교에는 교복을 입어야 한다는 제도가 없으니 그런 경우가 없지만 이사 가서 처음으로 갔던 사립학교에서는 교복을 입어야 했다. 물론 그 교복이라는 것도 색깔만 맞으면 되는 티셔츠에 면바지였지만 한창 자라는 나이이다 보니 아이들이 낡아서 보다는 작아져서 못 입는 교복을 학교에 기부했고 학교에서는 수시로 장을 열어 기부 받은 교복을 싸게 사 입었다. 그래서 아이는 그런 것에 아주 익숙해 있었다.

개학하는 첫날 아이와 교감선생님을 찾아 교무실로 갔다. 방학 중과 달리 개학으로 정신없이 바쁜 날 교무실은 분위기가 어수선했다. 아이와 나를 비롯한 전학을 오는 몇몇 아이들이 교무실 한쪽 테이블로 가 앉았다. 분위기가 무겁고 무척 어색했다. 학교만 가면 발랄해지고 기분이 좋아지던 아이도 어색한지 긴장된 표정이 역력했다.

교감선생님은 반갑게 맞아 주시며 아이를 생각해서 특별히 담임선생님이 영어 선생님인 반으로 배정했다며 언제든지 어려운 점 있으면 찾아오라고 하면서 담임선생님을 불러 주었다.

그 후로도 교감선생님은 아이를 특별히 신경 써 주셨다. 몇 번인가의 전화통화에서 담임선생님은 교감선생님의 특별한 부탁이 있었다는 이야기를 했었다. 때로는 아이에게 교육부에서 오는 공문을 보내주기도 하였다. 귀국학생들을 위한 영어 교육프로그램이었는데 거리도 멀 뿐 아니라 내용도 아이가 이미 초등학교 때 배운 것이라 소용이 없는 것이었다. 하지만 일일이 신경 써 주시는 교감선생님이 여간 고마운 게 아니었다. 다행이 아이가 열심히 공부한 덕에 첫 중간고사에서 반에서 3등을 하고 얼마 지나

복도에서 우연히 교감선생님을 만났는데 교감선생님이 아이의 손을 잡고 너무 걱정을 했었는데 정말 잘했다며 계속 열심히 하라는 당부를 하셨다는 아이의 말을 듣고 교감선생님의 배려가 너무 고마웠다.

그 후 학부모 시험감독 때문에 학교에 갔다가 몇 번인가 교감선생님을 더 뵈었다. 여러 어머니들이 있어 따로 대화할 시간은 없었다. 당시 아이 중학교 교장선생님은 곧 정년퇴임을 앞두고 있었다. 그래서 모든 것이 교감선생님 위주로 진행되고 있었다. 당시 아이의 학교는 대구시내에서 학력이 조금 뒤떨어지는 편이었지만 교감선생님이 의욕적으로 진행하는 여러 프로그램 덕에 점점 학력이 신장되고 있는 중이었다. 교감선생님은 온화하면서도 추진력이 있어 학교도 좋아지고 교감선생님도 나이에 비해 승진이 빠른 것 같았다.

교감선생님을 처음 만났던 날, 일을 다 보고 헤어지면서 교감선생님은 갑자기 웃으며 "아버님도 그러시더니 어머님도 미국에 오래 사셔서 그런지 발음이 동글동글하시네에. 저도 몇 번 다녀와서 알긴 하는데 막상 만나 뵙고 얘기를 나누니 알겠네에." 하셨다. 그 후로도 몇 번인가 그 말을 되뇌어 보았다. 발음이 동글동글하다는 발음을 굴린다는 말인데 의식적으로 안 그러려고 해도 습관이 무서웠던 모양이다. 사실 미국에서는 발음이 무척 중요했다. 아무리 영어로 떠들어도 발음이 너무 틀리면 상대방은 잘 알아듣질 못했다. 그래서 되도록이면 비슷한 발음을 하려고 노력하다 보니 그것이 습관이 되어 무의식중에 나왔던 모양이다. 그래도 그 표현이 너무 재미있었다. "발음이 동글동글하다."는 상대방의 기분을 상하게 하지 않으면서 발음을 굴린다는 말을 간접적으로 하는 말이었다. 교감선생님의 사람 대하는 일면을 본 것 같아 그 후로도 그 표현만 생각하면 웃음이 났다.

2. 담임선생님

　　교감선생님이 불러준 아이의 담임선생님은 아주 키가 작고 얌전한 여자 선생님이었다. 작은 체구의 미인형 얼굴이었는데 담임선생님은 파마하고 얼마 안 된 듯 컬이 아주 강하게 남아있었다. 화장은 별로 하지 않았는데 유난히 입술만 선명하게 붉게 칠해서 하얀 얼굴과 강렬하게 대비가 되었다. 파마머리에 붉은 입술 탓인지 나중에 아이에게 들으니 별명이 마이클잭슨이라고 해서 아이들의 발상이 우스워 한참을 웃었다.

　　미국에서 돌아오기 전 수시로 인터넷에 접속하여 한국 소식을 접했었다. 그중 교육에 관한 소식을 접하면서 '아이들의 왕따'라거나 '선생님들의 편견' 등등의 문제점에 관한 소식을 접할 때마다 걱정을 많이 했었다. 그래서 아이의 담임선생님도 혹시나 하는 우려가 먼저 앞섰다.

　　담임선생님은 교감선생님이 자신이 영어선생님이라고 아이를 맡기시긴 했는데 자신도 걱정이 앞선다고 했다. 다른 구에 있을 때 조기유학

다녀온 아이들을 종종 봤지만 이렇게 중3에 처음 한국공교육을 받는 아이
도 처음이거니와 조기유학을 다녀온 아이들도 종종 적응을 못해서 다시
돌아가는 경우가 많았다며 우려를 표했다. 아이의 성격이 워낙 활달해 그
렇게 걱정하지 않으셔도 될 거라며 잘 부탁드린다고 하고 아이를 담임선
생님께 맡기고 일어섰다.

　담임선생님과 헤어져 돌아서다가 담임선생님이 아이를 부르자 아이가
큰소리로 "네"를 외치며 긴장하는 모습을 보자 가슴이 아려왔다. 미국학교
에서는 어딜 가든 그저 느슨하게 누굴 만나든 "하이"하며 손을 흔들거나
웃는 것이 고작인데 교무실에 들어선 순간부터 보는 사람마다 고개를 숙
이고 지나다가 선생님들이 "얘가 13년 만에 한국 왔다는 그 앤가요?"하고
물으면 갑자기 일어나 큰소리 "네"하고는 고개를 꾸벅 숙였다. 그런 아이
를 보자니 여기서 살자면 한번은 겪어야 하는 어려움이긴 한데 괜히 아이
를 한국에 데려왔나 하는 후회도 되었다. 하지만 미국 생활을 너무 잘 알고
있기에 더구나 한창 중요한 고교시절을 아이 혼자 지내게 할 수는 없었다.
처음부터 혼자 미국에서 지냈던 것도 아닌데 갑자기 아이만 남겨두면 도
저히 걱정이 돼서 견딜 수 없을 것 같고 아이도 혼자 있는 외로움보다는 한
국에서 겪는 어려움이 덜 할 것 같다고 한 바 있었다.

　집에 돌아와 아이가 돌아올 때까지 하루 종일 어떤 일도 손에 잡히지
않았다. 학교에서 돌아온 아이는 얼굴이 상기되어 있었다. 반 친구들 뿐 아
니라 수업시간마다 선생님들이 궁금해 하는 차에 같은 이야기를 여러 번
반복했다는 것이다. 더구나 쉬는 시간마다 아이들이 둘러싸고는 어떻게
한국말을 그렇게 잘하느냐 영어로 말해 보아라, 팝송을 불러 보아라 등등
의 요구를 해서 그 요구에 응하다 보니 목이 쉴 지경이라는 거다. 선생님들
도 이것저것 묻고는 신기해 하셨단다. 일주일 즈음 그렇게 매일 사람들의
호기심을 해소시키느라 힘들어 했지만 아이는 다행히 싫다는 내색을 하지
않았다.

아이는 학교에서 집에 돌아오면 식탁으로 가방을 가져와 그날 학교에서 배운 책과 노트 필기 해온 것을 꺼내 놓고 나와 복습을 하였다. 복습이 끝나고 저녁을 먹고 나면 내일 시간표에 들은 책들을 가져와 나와 예습을 하였다. 그렇게 하루 일과가 끝나면 밤 10시가 지났다. 모든 과목 심지어 음악, 미술, 기술까지도 참고서를 사서 일일이 대조 해가며 나와 예습, 복습을 하였다. 그러다 보니 아이는 미국에서처럼 선생님이 수업시간에 물으면 꼬박꼬박 대답을 하였고 그런 아이를 선생님이나 반 친구들이 다 신기해했다는 것이다. 사실 미국에서는 선생님 혼자서 수업을 하기 보다는 주로 아이들이 이야기 하고 선생님은 중간 중간 정리를 하는데 여기서는 주로 선생님이 이야기 하고 아이들에게 물어도 별로 말을 안 하는데 아이가 일일이 답을 하니 선생님도 반 친구들도 이상해 하더라는 거다.

그렇게 두 달이 지나고 학교에서 중간고사를 보았다. 나와 아이는 그저 아이가 중간만 한다면 다행이다라고 생각하고 아이에게도 큰 욕심 내지 말라고 하였다. 미국에서 중학교를 전교 2등으로 졸업하고 오기 전 고등학교 첫 학기에서도 모든 과목에 A를 받았던 아이에게 너무 나쁜 성적은 의욕을 상실시킬까봐 두려웠다. 아이도 알고 있다고 성적이 나빠도 상심하지 않는다고 오히려 나를 달래 주었지만 긴장하는 것이 역력했다. 시험이 끝나고 일주일 후 아이가 학교에서 돌아왔는데 얼굴이 많이 상기되어 있었다. 중간고사 성적이 나왔는데 아이가 반에서 3등 전교 25등을 해서 학교가 발칵 뒤집어졌다는 것이다. 아이와 같이 예습복습을 하면서 미국에서 배우지 않았던 미술이나 음악, 기술 등의 생소한 과목을 제외하고는 아이는 큰 어려움 없이 교과목을 이해하고 있다는 건 알았지만 그렇게까지 잘해낼지는 몰랐다. 물론 아이의 학교가 대구시내 여타중학교 보다 약간 수학능력이 떨어진 학교라고는 해도 아이에게는 태어나서 처음 받는 한국 공교육이고 시험이라 그 정도까지 해낼 줄은 몰랐다.

아이가 열심히 노력한 결과이기도 하지만 그렇게까지 아이가 적응할 수 있었던 것은 담임선생님과 반 친구들의 배려 덕이었다. 아이는 평소에 친구들과의 친화력이 대단한 아이였지만 그보다도 더 대구의 같은 반 친구들과는 잘 지냈다. 아이들도 그런 아이를 처음에는 어색해 하다가 금방 익숙해져서 좋아했다. 개학하고 일주일이 지나 처음 뽑는 학급회장에 아이가 당선되어 담임선생님을 당황시켰다. 담임선생님은 아이는 처음이라 여러 가지에 서투니까 부회장을 시키고 학교에 익숙한 여학생에게 학급회장을 시키자고 반 친구들에게 양해를 구했다.

아이도 미국중학교에서 3년 내내 학생회 부회장, 회장 등을 역임했던 터라 학급을 위해서 일하는 것을 당연하게 생각했지만 아무래도 제도가 다른 한국에서까지 학급회장을 하기에는 힘들 것 같아 선생님께 부회장을 하겠다고 말씀드렸다는 것이다.

담임선생님은 다른 반 아이들에게 드러나지 않게 아이를 배려해 주었다. 수시로 아이를 교무실로 불러 어려움은 없는지 친구들과의 관계는 원만한지 물어 보셨다. 내게도 종종 전화해서는 아이가 어려움을 호소하지는 않는지 문제가 없는지를 물어왔다. 그때마다 전화통을 타고 흐르는 담임선생님의 가녀리지만 강단 있는 목소리와 선생님의 파마머리와 붉은 입술이 떠올라 마음이 따뜻해졌다.

다른 과목 선생님도 아이에게 종종 담임선생님이 아이가 잘 하고 있는지 걱정하신다며 아이에게 그 과목 이해에 어려움은 없느냐고 어려우면 언제라도 말하라고 하셨단다.

아이의 학교는 학군이 경제적으로 어려운 아이들이 제법 있는 곳이었다. 그래서 간혹 아이들의 가정문제로 학교에 장기 결석을 하거나 가출을 하는 경우도 종종 있었다. 그런 아이가 남학생인 경우는 아이를 불러 그 아이가 학교에 나오면 아이가 배려하여 그 아이가 학교에 대해 낯설어 하지 않게 하라는 당부를 하셨다고 한다.

또 어떤 아이는 학교에 오면 종종 수업 시간 내내 자는 아이도 있었다. 그 아이는 수업 시간마다 선생님들께 혼이 났다. 하루는 담임선생님이 아이를 불러 아이와 그 아이를 짝을 지워 줄 테니 다른 수업시간에 그 아이가 자거든 적당히 눈치 봐서 다른 선생님께 혼이 나지 않도록 깨워 주라고 하셨단다. 그러면서 그 아이의 아버지는 알코올중독이고 어머니는 아프신데 그 아이의 아버지가 밤늦게 술을 마시고 집에 돌아오면 아픈 어머니를 괴롭히기 때문에 그걸 말리느라고 아이가 밤새 아버지와 씨름하느라 잠을 못자서 학교에서 자는 것인데 다른 선생님들께 이야기 하자니 그 아이의 자존심이 상할 것 같아서 아이에게 부탁하는 것이란다.

그 이야기를 듣고 돌아온 날 아이는 무척 우울해 했다. 나도 그 아이의 처지를 생각하니 무척 심난했지만 그 보다도 그런 아이를 배려하는 담임선생님의 마음씨가 너무나 놀라웠다. 어려운 아이들 형편을 일일이 확인하고 그 아이들이 되도록 학교에 정을 붙이도록 알게 모르게 배려하는 선생님의 마음 씀씀이 너무 고마워서 세상에는 아직까지는 몇몇 이상한 선생님 보다는 정말 좋은 선생님이 많고 그런 선생님이 아이의 담임선생님이 되었다는 사실이 너무 고마웠다.

담임선생님의 아이들을 위한 일은 그 뿐이 아니었다. 공부는 열심히 하지만 가정 형편이 어려운 아이들은 따로 그 아이가 관심 갖는 분야에 대한 책을 사주기도 하고 그 아이에게 필요한 특별활동을 연결해 주기도 하였다.

아이는 신기할 정도로 선생님 운이 좋았다. 미국에서 어떤 학교를 가든지 주변사람들이 정말 좋은 선생님이라고 하는 선생님만 만났다. 그 여러 선생님 중에서 아이에게 결정적인 역할을 했던 선생님을 초등학교 1학년 때 만났다. 중부인 세인루이스에서 우리식 유치원인 킨더가든을 마치고 초등학교 1학년을 들어갈 때 동부인 보스턴 지역으로 이사를 갔다. 그 때 만난 아이의 선생님은 부모가 알제리 출신인 젊은 여자 선생님이었다. 개학 후 백투 스쿨 나잇이라고 학부모를 초대하여 선생님 이야기를 듣는 날 알게 되었는데 대학에서 신문방송학을 전공하고 청소년 상대 잡지사에서 근무하다가 대학원을 마치고 선생님이 된 거였다. 학부모에게 커리큘럼이나 교육방향에 대해 설명하는 선생님은 말이 빠르고 무척 열정적이었던 기억이 난다.

그렇게 아이의 선생님을 만나고 난 후 얼마 지나 아이는 유난히 책을 많이 읽어야 하는 숙제가 많았고 그 외의 숙제도 많았다. 그래서 그냥 그런가 보다 했는데 다른 아이들은 아이에게 주는 그런 숙제가 없었다. 그러던 어느 날 당시 늘 그림책만 보던 아이에게 두꺼운 챕터 북(장으로 연결된 어린이 소설)이 숙제로 주어졌다.

아이 혼자 하기 힘들어 옆에서 숙제를 도와주었는데 숙제를 돌려받아 보면 선생님의 숙제를 검사한 후기가 아이에게 자극이 되는 문구들이었다. "나는 그 책을 읽고 그런 생각을 못했는데 그런 생각을 하다니 대단하다."라거나 "그래 너라면 그렇게 했을거다."라거나 "네가 이 부분을 읽으며 어떤 표정을 지었을지 생각하니 저절로 웃음이 난다." 같은 문구가 꼬박꼬박 적혀 있었다. 그런 문구가 적힌 숙제를 돌려받은 아이는 더 열과 성을 다하여 숙제를 했고 그럴 때마다 선생님의 격려의 문구를 받았다. 그런 탓인지 일 년 사이의 아이의 독서력은 엄청나게 발전해서 초등학교 2학년이 되어서는 영어 수업을 자신의 반이 아니라 초등학교 4,5학년이 같이 한 반이 되는 그런 수업을 받을 정도가 되었다.

그 뿐 아니라 그 외의 과목에 대해서도 특출한 아이들을 위한 과제를 찾아내어 아이에게 공부하게 하였다. 나중에 개인면담에서 만난 선생님은 "아이가 자꾸 호기심을 보이며 이것저것 물어오기에 그 물음과 관련된 숙제를 내준 것이고 그런 숙제를 꼬박꼬박 잘하니까 계속 내준 것"이라며 아이가 스스로 한 것이고 자기는 단지 동기 부여만 한 것이라며 오히려 그런 아이를 가르칠 기회가 되어서 자기에게 자극이 되었다고 할 정도였다. 그 여름방학에는 메사추세츠 전체 주내에서 영재 교육을 하는 기관에 아이를 추천하여 여름방학에 영재교육을 받을 수 있는 기회를 제공해 줄 정도로 아이에 대해 관심이 많았던 선생님이었다.

그 후 다른 주로 이사를 가고도 아이는 그 초등학교 1학년 때 선생님에게 편지를 썼고 그럴 때마다 아이를 격려하고 자극을 주는 그런 답장을 잊지 않았다. 또한 초등학교 2학년 담임선생님은 밤9시에 전화를 해서 숙제를 검사하다가 아이가 너무 숙제를 잘했다며 이런 아이를 가르치게 되어 너무 행복하다고 내게 전화를 해오는 등 정말 좋은 선생님을 많이 만났었다.

아이의 담임선생님은 그동안 만났던 그런 좋은 선생님과 견줄 정도로 정말 고마운 분이었다. 여름방학 숙제로 주어진 작문 숙제를 제출했을 때는 그 한 권을 다 읽어보고 단어가 조금 부족하지만 정말 글을 잘 쓴다고 격려해주실 정도로 아이에게 관심이 많았던 선생님이었다.

3. 과학선생님

아이는 다른 과목보다도 과학 과목을 무척 힘들어 했다. 미국에서는 과학 과목을 책만 가지고 가르치기 보다는 일일이 실험을 하거나 입체적인 자료를 가지고 공부하는데 한국에서는 실험은 책에 하는 방법을 기술해 두고 실험했다고 전제하고 공부를 하니 아직 말도 서툰 아이로서는 무척 힘들어했다.

그러자 담임선생님이 그럼 과학 동아리에 들어서 좀 더 과학을 공부할 시간을 가져보라는 조언을 해주셨다. 과학 선생님은 아이의 담임선생님과 친분이 있으신 분으로 재미있는 분이었다. 키도 작고 외모도 외소한 편인데 목소리가 크면서 우렁차고 사투리도 심하면서 말을 재미있게 해서 아이들은 한 시간 내내 웃다가 수업을 마칠 정도로 유머도 많으신 분이었다.

과학 선생님은 아이가 과학과목을 어려워하면 급하게 서둘지 않고 특히 한국 과학과목 기초가 없는 아이에게 차근차근 기초부터 가르쳐 주섰다. 과학 동아리 활동은 아이에게는 정말 좋은 기회였다. 일주일에 한 번 씩 아이들과 선생님이 만나 실험도 하고 과제도 수행해서 아이들 흥미를 유발하고 수시로 열리는 과학경진대회에 매번 참가하도록 배려하셨다.

수시로 열리는 과학경진대회는 매번 참가하지 않아도 되는 대회였다. 그런 대회에 참가하자면 선생님이 부지런해야 하는데 과학 선생님은 매번 아이들에게 그런 기회를 제공하셨다. 물론 국가에서 제공하는 기회라고 해도 대회 때마다 아이들 데리고 차에 태워 대회 장소에 가고 끼니를 챙겨 가며 참가한다는 일이 쉬운 일은 아니었다. 그래서 아이는 로봇제작대회 도 가고 대학 실험실에 가서 교수님들 강의도 듣고 경주 박물관에 가서 고 대 과학사에 대한 강의도 듣는 등 너무나 많은 좋은 기회가 주어졌다. 주변 사람들에게 그런 이야기를 하면 아이 학교가 공립학교냐고 물어볼 정도로 특히 정식 한국교육을 받지 못한 아이에게는 너무나 짧은 기간 동안 많은 것을 배울 수 있는 아주 소중한 기회였다.

아이는 그런 대회에 갔다가 다른 학교 선생님들을 만날 때마다 다른 학 교 선생님들이 과학 선생님에게 욕심이 많다는 이야기를 한다며 과학 선생 님이 아이들에게 더 많은 좋은 기회를 주려고 무척 애쓰시는 것 같다는 이 야기를 했다.

학교에 시험 감독을 갔다가 과학 선생님과 우연히 인사할 기회가 있었 다. 과학 선생님은 특유의 호탕하고 유머 넘치는 목소리로 아이가 겸손하 고 성실해서 하나라도 더 가르쳐 주고 더 많은 좋은 기회를 주고 싶다며 아 이를 칭찬하느라 여념이 없었다.

아이에게 담임선생님은 눈에 보이지 않게 모든 것을 살펴 주시면서 아 이가 적응할 수 있도록 배려하였다면 과학 선생님은 되도록 많은 기회를 제공해서 생각의 저변을 확대하고 특히 그 과목에 관심이 없거나 실력이 없어도 관심을 끌어내어 실력을 올리도록 유도하는 역할을 톡톡히 하셨다. 아이는 늘 한국으로 돌아와 한국학교에 적응하고 정을 붙일 수 있도록 도와주신 고마운 선생님 하고 생각하면 담임선생님과 과학선생님 두 분이 제일 먼저 떠오른다고 할 정도였다.

4. 국어선생님

처음 아이가 등교했을 때 제일 난감해 하실 선생님이 국어 선생님이었다. 국어 선생님은 과연 아이가 맞춤법이나 제대로 알고 있는지 제대로 된 문장이나 쓸 수 있는지 무척 걱정하셨다.

그런데 아이는 처음 나와 한글 공부를 할 때부터 워낙 언어를 재미있어 하다 보니 국어 과목을 좋아했다. 초등학교 한글교과서를 가르칠 때도 국어 교과서를 배울 때는 무척 흥미 있어 하고 새로운 걸 배우면 그걸 영어와 대비하여 어떤 의미인지 어떻게 사용해야 하는지를 생각할 정도로 재미있어 했다.

물론 어휘력이나 독해력은 많이 떨어지지만 간단하게 영어로 설명하면 쉽게 이해하는 편이었다. 처음 학교 시작하고 얼마 지나 국어 시간에 맞춤법 시험을 보았다. 국어 선생님은 그저 아이들에게 예고하지 않고 아이들의 기본 실력이 어느 정도인지 알아보려고 시험을 본 거였다. 시험을 보고 돌아온 아이는 성적이 나쁠 것 같다며 걱정하는 눈치였다. 그래서 당연히 그럴 거라며 너무 걱정하지 말라고 아이를 달래 주었다. 다음날 수업시간에 국어 선생님은 아이의 맞춤법 성적이 최상은 아니지만 상에 속한다며 아이보다 시험을 못 본 반 친구들을 혼내셨다고 한다.

미국에 13년을 살다온 녀석도 아는 걸 한국에서 내내 살면서 국어 공부를 그렇게 오래 한 녀석들이 모른다고 불같이 화를 내셨단다. 그 시험 이후로 국어 선생님은 아이를 특별하게 대하지 않으셨다고 한다. 아이에게 노력하면 충분히 다른 친구들 보다 잘할 수 있을 거라고 격려를 하셨다.

국어 선생님이 아이에게 준 최고의 기회는 경북 안동출신의 작가 '권정생'의 「한티재하늘」이라는 소설을 읽고 문학체험을 하는 활동단에 참여시켜준 것이다. 물론 담임선생님의 강력한 추천이 있었지만 한 학교에 네 명이 참여하는 특별활동에 참여시켜주었다. 어느 정도 국어 실력도 갖추고 문학에 대한 애정도 있어야 했지만 그런 능력을 갖춘 대부분의 아이들이 학원 수업 때문에 시간을 낼 수 없어 참여하기를 꺼려하는 터라 쉽게 아이에게 기회를 줄 수 있었다.

처음에 아이는 국어선생님과 담임선생님의 제의를 받고 걱정을 했다. 과연 대구시내 전 중고교에서 그 학교에서 제법 국어를 잘하고 문학을 좋아하는 학생들이 모여서 하는 활동에 자신이 잘 해낼 수 있을까 하는 걱정이 앞섰던가 보았다. 아이의 우려에 나는 강력히 추천을 하였다. 그 어떤 국어 수업이나 과외학습보다도 아이에게 도움이 될 활동이라며 어렵더라도 부딪혀 보라고 하였다.

활동내용은 권정생이라는 작가의 책을 읽고 작가와 그 작품에 대해 공부 하는 것으로 네 달에 걸쳐서 네다섯 번 만나는 일정이었다. 1학기 후반즘에 시작해서 방학을 거치고 2학기 말경에 끝나는 활동이었다. 학교에서도 몇몇 선생님들과 친구들은 아이에게 어떤 학원을 다니냐고 묻고는 했다. 또 몇몇 학원이 좋다고 추천하는 사람도 있었다. 하지만 남편이나 내가 보기에 그 어떤 학원도 아이를 가르칠 수는 없었다. 아이에게 필요한 것은 뛰어난 커리큘럼이나 유명 선생님이 아니라 시간이었다. 아이가 성실하게 시간을 보낸다면 그 어떤 어려움도 극복할 수 있다고 생각했다. 그래서 아이와 집에서 매일매일 예습복습을 같이 하며 학교를 믿고 학교의 커리큘럼대로 공부를 시켰다. 게다가 과학 동아리에서 하는 특별활동과 국어 과목으로 하는 문학체험활동은 아이에게는 금상첨화였다.

권정생이라는 작가를 그 전에 들어 본 적은 있지만 책을 읽어 본 적은 나 역시 없었다. 처음 책을 사서 첫 페이지를 펴는 순간 아이는 힘들어 했다. 단어들도 낯설고 묘사가 많아 스토리를 따라가기도 힘들어 했다. 첫 페이지부터 같이 읽으며 웬만한 단어는 그냥 뜻만 알고 대충 넘어가고 나중에 한 번 더 반복해서 읽다가 그때도 뜻을 모르면 사전을 찾아보기로 하고 읽어 가기 시작했다.

미국에서 처음 아이가 책을 읽기 시작할 때 그림책부터 아이와 같이 책을 읽었다. 그러다 갑자기 초등학교 1학년 때부터 어린이 소설을 읽기 시작하자 혹시나 아이가 이해하지 못하면서 읽겠다고 하는 가 싶어서 같이 책을 읽었다. 초등학교 2학년 「해리포터」라는 책이 큰 인기를 끌면서 아이도 읽겠다고 했다. 아이가 읽기에는 너무 두꺼운 거 같아 혹시나 하는 마음에 같이 읽기 시작했다가 오히려 내가 빠져든 적도 있었다. 초등학교 3학년 때부터 아이의 독서력이 고등학생 이상이라며 독서지도를 잘하라는 학교의 권유를 받고 내가 어렸을 때 읽었던 고전을 아이에게 읽히기 시작했다.

내가 어려서 느꼈던 감동을 아이와 같이 느끼고 싶은 생각도 있었지만 무엇보다도 처음 독서를 시작할 때 조금 힘들어도 고전부터 시작하면 현대소설은 훨씬 읽기 쉬울 거라는 계산도 있었다. 아이가 처음 몇 작품은 읽기 힘들어 했지만 그 고비를 넘기자 오히려 현대소설은 심심하다고 할 정도로 고전읽기에 푹 빠졌고 그 후 아이의 문장력이나 독해력은 눈에 띄게 달라졌다. 그렇게 아이와 책읽기를 했던 경험이 있었기 때문에 한국에 돌아와서도 같이 읽기를 시도했다.

첫 번째 장을 넘기기가 무척 힘들었다. 사투리도 많고 묘사와 고유어들 게다가 간간이 나오는 민요까지 아이가 읽기에는 수준이 조금 높았다. 하지만 아이에게 두 번째 장까지 읽고도 이해하기 힘들면 포기하기로 약속하고 계속 읽기로 했다. 첫 번째 장 끝 쪽인 29쪽을 넘기면서 그래도 조금 이해를 하는 것 같았다. 그리고 두 번째 장부터는 흥미를 느끼기 시작했다. 반복되어 나오는 사투리, 고유어들에 익숙해지고 작가의 문체에 적응하기 시작하면서 스토리를 따라 갔다. 하지만 나오는 사람도 방대하고 지명도 낯설어 읽다가는 앞으로 돌아가 사람이나 지명을 다시 찾아 봐야 다시 읽을 수 있을 정도로 어려운 건 사실이었다.

처음 활동으로 작가의 생가를 방문한다고 했다. 집합장소로 아이와 아이 친구를 데려다 주며 활동시간동안 이해를 못하거나 어려우면 어떻게 하나 걱정이 되었다. 다행이 아이의 친한 반 친구가 같이 가게 되었다. 첫 모임에 다녀온 아이는 무척 만족스러워 했다.

대구에서 만나 안동으로 출발해서 점심을 먹고 작가의 생가며 박물관 작품의 배경이 된 곳을 둘러보고 민요를 배워보는 시간을 가졌다고 한다. 미국에서 소풍이나 단체여행을 해보긴 했지만 한국에서는 처음이었다. 그 것도 같은 학교 친구들이 아니라 대구시내 다른 학교 심지어 고등학생이 포함된 그런 여행이었다. 하지만 아이는 아주 만족스러워 했다. 책을 다 읽지는 않은 상태였지만 일부를 읽어 어느 정도 적응을 하기 시작한 때 작가에 대해 알고 소설의 배경이 된 곳을 둘러 보았으니 작품에 대한 이해도가 빨라지는 건 당연한 일이었다.

무엇보다도 아이는 작가를 아주 좋아했다. 작가의 생가를 방문하고 작가가 평생을 얼마나 소박하고 정갈하게 살았는지, 불우한 환경 속에서 어떻게 그렇게 좋은 작품을 쓸 수 있었는지 등을 알게 되고는 작품에 대해 더 애착을 가졌다.

그 첫 번째 모임에서 만난 그룹은 고등학교 학생과 다른 중학교 학생이었다. 각 학교에서 온 학생들이 다 흩어져 그룹을 지어 활동을 했는데 다행이 아이와 같은 그룹의 고등학생이 문학적 감수성이 뛰어나고 작품에 대해 해박해서 아이가 이해를 못하면 설명해 주는 등 문학을 좋아하는 학생이라 그런지 너무 순박하더라며 좋아했다.

그렇게 첫 번째 모임을 끝내고 여름방학 두 달에 걸쳐서 아이는 나와 「한티재 하늘」두 권을 다 읽었다. 물론 중간 중간 내용을 따라가기 위해 앞으로 돌아가기를 반복하기는 했지만 처음 예상과는 달리 책을 끝냈을 때는 아이는 작가와 작품을 완전히 이해하고 깊은 감동을 받을 정도였다.

처음에 읽기 시작하며 했던 약속, 두 번째 장까지 읽고도 이해가 안 되면 읽기를 포기하기로 한 약속은 지킬 필요가 없었다. 개학하고 아이가 두 번째 모임에 갔을 때에는 처음 모임에서 보다 참가자가 많이 줄었다고 할 정도로 책도 내용도 방대했다. 하지만 네 번의 모임에 다녀온 아이는 모임을 할 때마다 새로운 그룹을 만나고 그 학생들을 통해서 작품에 대한 해석을 달리하고 그 작품 속에 나오는 경북지역, 안동지역에 대한 이해를 깊이 하게 되고 그와 더불어 국어를 배우는 속도도 빨라졌다.

한국에서도 서울 아니면 대구, 대구도 집과 학교와 간간이 나가본 대구 번화가 이외에는 그 어느 곳도 모르던 아이는 그 모임을 통해 안동도 가보고 안동시장에서 모르는 친구들과 자장면도 사먹어 보고 관광버스를 타고 경북지역을 돌아보고 시외버스 휴게소에서 도시락 점심을 먹어 보는 등 한국에 계속 살았던 아이들도 해볼 수 없었던 체험을 해볼 수 있었다.

마지막 모임에서는(참가자가 눈에 띄게 줄었다고 한다. 시험 기간과 겹치기도 하고 책을 다 읽지 못하는 등 이러저러한 사정으로 아이들이 오지 않았다) 내가 만약 작가였다면 소설의 결말을 어떻게 바꿀 것인지, 만약 내가 소설 속 인물 누군가가 되어 그 인물이 현재를 살았다면 어떤 모습으로 살았을 것인지를 상상해서 나름대로 재구성해서 발표하는 시간을 가졌다고 한다. 아이는 그 시간동안 생각이 다양한 다른 친구들을 보며 무척 신기해하고 자신의 생각과 비교하면서 똑같은 상황을 친구들이 얼마나 다양하게 받아들일 수 있는지 생각하니 재미있었다며 모임을 끝내고 오는 내내 모임이야기를 하느라 바빴다. 아이를 추천했던 국어 선생님도 그 모임에 참가했었는데 마지막 모임을 끝내고 돌아오는 날 아이를 데리러 갔다가 국어 선생님을 만났다. 아주 어려 보이는 수줍음을 많이 타 보이는 국어 선생님은 아이가 무척 어려울 텐데 끝까지 잘 따라와 주었다며 칭찬을 아끼지 않았다. 나는 이런 기회를 주신 국어 선생님께 이 기회를 통해서 아이가 향토문학이나 토속적 문학에 대한 막연한 어려움을 떨치고 쉽게 접근하게 된 것이 큰 수확이라며 선생님께 감사의 인사를 전했다.

아이도 나도 그 마지막 모임까지 끝내고 얼마나 뿌듯했는지 모른다. 아이가 작가를, 작품을 이해하고 좋아하게 된 것 뿐 아니라 그런 활동을 통해서 같은 주제를 가지고 다른 학교 학생들과 쉽게 친해지고 이해를 넓혀가게 되었다는 점도 큰 수확이었다. 그래서 그런 활동에 대한 두려움, 다른 학교 학생과 모임을 갖는다는 것에 대한 낯설음을 쉽게 극복하게 된 것이 얼마나 큰 자산이 되었는지 모른다.

그런 활동을 보면서 또 하나 놀라웠던 건 우리나라 교육여건이 우리가 자랄 때와 현저하게 달라졌다는 것이다. 우리가 자랄 때는 상상도 할 수 없었던 교실의 에어컨이며 공립학교에서 하는 특별활동 등등이 그러했다. 아이들이나 부모가 아이들이 학원을 가야 한다거나 귀찮다고 참여를 안 해서 그렇지 마음만 먹으면 참여할 수 있는 좋은 기회가 많았다. 내가 아는 서울 친지들에게 그런 이야기를 하면 그 학교가 공립학교인지부터 물어왔다.

우연이 책방에 가거나 도서관에 가서 서가를 뒤적이다 권정생 작가의 책을 보면 마냥 어려보이고 수줍게만 보이던 아이의 국어 선생님이 떠오르고 아이와 함께 느꼈던 그때의 감동이 다시 밀려왔다.

5. 기술선생님

기술선생님은 아이 학교에 많지 않던 남자 선생님 중의 한 분이셨다. 게다가 나이도 많았다. 나이 많은 보수적인 사고방식을 가진 남자 선생님으로 중학교 1학년 때부터 쭉 같이 수업을 받아온 아이들이 전형적으로 싫어하는 선생님이었다. 선생님은 아이들을 위해서 수업시간마다 모든 용어를 한자로 적어 주었지만 한자를 싫어하던 아이들은 그 사실 때문에도 선생님을 더 싫어했다.

아이는 그림 그리듯이 선생님이 적어준 한자를 적어와 나에게 물었다. 기술수업이 들은 날마다 초긴장해서는 혹시나 선생님이 적어준 글자를 못 그려와 내용파악을 못할까봐 전전긍긍할 정도였다. 하지만 교과서대로 진도를 나가서 책에 있는 내용을 미리 한번 읽고 집에 와서 그려온 한자를 맞추어 보는 것이 그리 어려운 게 아니었다. 그렇게 몇 번 반복하고는 아이는 편안해했다.

늘 주변에 사람이 별로 없었던 아이는 한국에

돌아오자 할아버지, 큰아버지, 외삼촌 등 남자 어른들의 이야기를 듣는 걸 좋아했다. 남편과 나는 각각 집안에 막내인데다가 결혼이 늦어 아이는 주변에 동년배 사촌형제가 없었다. 그러니 집안어른들은 집안에서 가장 어린 아이를 좋아하고 아이를 보면 이야기하기를 좋아했다. 어려서부터 계속 같이 지냈다면 아이도 지루해 할 수도 있었겠지만 그런 경험이 없던 아이는 모든 것이 신기했고 갑자기 자신의 주변에 나타나 옛날이야기를 해주는 남자 어른들이 재미있을 뿐이었다.

그런 가족적 배경 탓인지 다른 아이들이 다 지루해하고 졸려하는 기술선생님의 이야기를 귀 기울여 듣고 답하고 조금 재미있으면 심하게 웃었다. 아이는 유머를 아주 좋아했다. 남들은 그저 "그래" 하고 말 이야기도 아이는 상황을 재구성해서 웃기까지 할 정도로 유머를 좋아했다. 기술선생님이 하는 유머는 그야말로 낡고 구닥다리에 속했지만 늘 듣던 다른 아이들과 달리 아이는 무척 좋아하며 웃어대니 선생님은 아이를 좋아할 수밖에 없었다.

하루는 아이가 학교에서 돌아와 저녁 식탁에 앉아서는 남편과 나를 보며 "엄마, 여자들이 남자친구하고 만나서 듣기 싫어하는 이야기가 뭔지 아세요?" 하기에 남편도 나도 모른다고 하자 "첫 번째가 축구 이야기구요. 두번째가 군대 이야기. 세 번째가 하하하 너무 웃겨요. 군대에서 축구한 이야기래요." 하면서 허리를 꺾으며 웃어대서 남편과 나도 수저를 놓고 같이 웃을 수밖에 없었다. 그 이야기를 기술 선생님이 하자 자신은 너무 크게 웃는데 아이들은 그런 아이를 멀뚱하게 쳐다보더니 그런 아이를 보고 따라 웃고 거기에 흐뭇해서 기술선생님도 너무 많이 웃었다고 한다.

기술수업과 함께 한자와 고사성어 등을 가르치시면서 그와 얽힌 옛날이야기를 하며 아이들에게 교훈을 주기를 좋아하시는 기술선생님이야기는 아이에게는 생전 처음 들어 보는 것도 있고 때로는 전에 들어본 이야기라도 기술선생님의 푸근한 대구 토박이 사투리로 들으면 또 새로운 느낌이 들어 재미있는 것이었다. 그러나 늘 그런 이야기를 들어 잔소리로만 들리는 아이들에게는 따분하기 그지없는 시간이었다. 그러니 기술선생님은 아이를 더 편애하고 아이들이 더 미움을 받게 되자 아이는 친구들과 선생님 사이에서 곤란한 때도 있었다.

글쎄, 아이도 중학교 3년 내내 같은 학교를 다니고 같은 이야기를 들었다면 다른 아이들과 같은 반응을 보이지 않았을까. 하지만 새로운 세계에 적응 하겠다는 강한 의지로 모든 것이 두려우면서도 새로웠던 아이에게는 지루하고 고리타분한 이야기만 하는 기술선생님마저도 자신이 살면서 들어보거나 만나보지 못했던 호기심의 대상이었기 때문에 기술 수업시간과 기술 선생님을 좋아하지 않았을까……

6. 일본어선생님

아이는 미국에서 제2외국어로 불어와 스페인
어를 배웠었다. 그런데 전학한 중학교에서는 제2
외국어로 일본어를 배웠다. 중학교 3년과정 중 2
년을 배우는데 중학교 1학년에 기초를 배우고 중
학교 2학년에는 안 배우다가 중학교 3학년이 되
어 1학년 때 배운 기초를 기반으로 다시 배우는
것이다.

아이는 일본어를 배운다는 사실에 더구나 다
른 친구들은 벌써 1년이나 배웠다는 사실에 무척
당황스러워 했다. 일본어 선생님은 어려보이는
여자 선생님인데 무척 무섭다는 것이다. 그나마
다행인 것은 아이들이 2학년 때 일본어를 안 배
워 1학년 때 배운 일본어를 잊어버려 3학년에 기
초를 다시 한 번 배운다는 사실이었다.

제2외국어로 독일어를 배웠다가 나중에 필요
에 의해서 대학을 졸업하고 일본어를 배웠던 나
는 아이에게 기초부터 찬찬히 하면 되고 외국어
배우기를 좋아하는 아이에게 그다지 어렵지는

않을 거라는 위로를 해주었다. 아이는 워낙 다른 아이들보다 1년이 뒤처지기도 하고 먼저 어렵다는 마음이 앞서서 그런지 아이답지 않게 일본어 배우기를 무척 싫어하였다.

하루는 아이가 학교에서 돌아오더니 내일 전 학년이 일본어 '히라가나, 가타카나'를 외우는 시험을 본다며 도무지 혼란스럽기만 하고 외워지지가 않는다며 걱정을 했다. 나는 그저 할 수 있는 만큼만 천천히 외우라며 한 번에 그렇게 쉽게 외워지겠냐고 하고 말았다. 다음날 학교에 다녀온 아이의 표정이 무척 어두웠다. 쉽게 입을 열지 않는 아이를 겨우 달래어 물어 보니 '히라가나, 가타카나' 시험을 보아 틀린 개수만큼 매를 맞았다는 것이다.

처음 한국으로 돌아온다고 했을 때 아이에게 학교에서의 체벌에 대해 이야기를 했었다. 그리고 미국에서 보아온 한국 드라마 비디오나 영화를 통해서 체벌에 대해서 알고 있었다. 미국 학교에서는 잘못을 하면 수업시간에 교실 밖에 쫓겨나거나 아니면 교칙에 따라 벌칙을 받는 등의 제재를 당하지만 신체적인 체벌은 없었다. 그래서 아이가 혹시 당황할까봐 미리 알려 주었고 일본어 시험 이전에 이미 도덕 시간에 단체기합으로 자로 손바닥을 맞는 경험을 해보았지만 이번처럼 틀린 개수만큼 한 사람씩 교탁에 불려나가 매를 맞는 경우는 처음이라 그 창피함을 뭐라고 표현할 수 없었다는 것이다.

그러면서 시험 본 날이 금요일인데 주말까지 외워서 월요일에 다시 시험을 보아 틀리면 또 틀린 개수만큼 매를 맞고 다시 시험을 보아 다 외울 때까지 매를 맞는다는 것이다. 처음에는 아이 말을 듣고 아이의 모멸감이 얼마나 심했을까 아이가 얼마나 힘들었을까 생각하니 마음이 아려왔다. 더구나 처음 배우는 상황인데 특별한 상황을 보아 조금 배려해 주었으면 하는 마음에 섭섭하다는 생각도 들었다. 그래서 일본어 선생님을 찾아뵙고 양해를 구해 볼까 하는 생각도 들었다.

하지만 마음을 고쳐먹고 아이를 달래기 시작했다.

"로마에 가면 로마법을 따르라"는 말이 있잖아. 어차피 외워야 할 거면 좀 힘들지만 매 맞고 외우느니 무식하게라도 마구 외워보자. 엄마도 예전에 많이 혼동이 되었는데 노래로 만들어 외우니 조금 쉽더라. 엄마가 예전에 외우던 무식한 방법을 가르쳐 줄 테니 주말 내내 같이 해보자."라고 하자,

"엄마, 외우는 건 그냥 무작정 외우면 외우지만 꼭 그렇게 때려가며 외우게 해야 해요. 우리가 개나 돼지는 아니잖아요. 그렇게 매 맞기가 두려워 무작정 외우는 게 무슨 큰 도움이 되겠어요. 흥미가 없는 사람도 있는 거지 억지로 외우게 하고 못 외우면 무식하게 때리고 그게 뭐예요." 하며 제법 그동안 생각했던 걸 이야기했다.

그래서 아이 말도 맞다만 선생님들마다 자신만의 고유의 교육방법이 있는 것이고 그 일본어 선생님은 그 방법이 그동안 통했으니 그렇게 가르치는 것일 테니 그저 그대로 따라 보자며 아이를 달랬다. 아이와 토요일, 일요일 내내 그림으로 그리며 노래를 불러가며 일본어 히라가나와 가타카나를 외웠다. 이틀을 아이와 밥 먹고 노래 부르고 그림 그리고, 밥 먹고 노래 부르고 그림 그리기를 반복하며 일본어를 외웠더니 일요일 저녁때는 머리가 지끈지끈 아파왔다. 일요일 밤이 되자 어느 정도 외워진 것 같은데 그래도 아이는 몇 개를 혼동했다. 오랜 시간을 두고 단어를 배우며 병행하여 히라가나와 가타카나를 찬찬히 배우면 되겠지만 아이들이 이미 1년을 배운 터라 그럴 시간이 없었을 것이다. 하지만 아이에게는 그냥 무작정 갑자기 외우게 하니 그럴 수밖에 없었다.

아이가 초등학교 3학년때 전학한 학교에서 처음으로 불어를 배웠다. 물론 영어와 비슷해 호감도 있었겠지만 아이를 가르쳤던 불어 선생님은 불어만큼이나 부드러운 선생님이었다. 처음 불어를 시작해 얼마동안은 철자인 아베세데를 가르치지 않고 인사말이나 아이들이 하고 싶은 말을 가르치다 아이들이 재미있어 하면 아베세데를 가르치고 또 다른 단어를 가르치다 아베세데를 반복하여 아이들이 외어지는 지도 모르는 사이에 기본

철자를 외우게 했다. 거기다 선생님은 매일 같이 사탕을 한 통 들고 와 대답을 잘하는 아이들에게 한 개씩 주었다. 그러니 아이들은 너무 재미있어하며 누가 시키지 않아도 그날그날 배운 새로운 단어를 외우기에 여념이 없었다. 불어 뿐 아니라 중학교에 올라가 스페인어를 배울 때도 아이는 엄청나게 빠른 속도로 새로운 언어를 배워서 선생님을 놀라게 했었다. 그래서 늘 새로운 언어를 배운다는 사실에 대해서는 두려움이 없었던 터였다.

월요일에 아이는 잔뜩 긴장해서 학교로 갔다가 돌아왔다. 자신은 한 번에 시험에 통과해 매를 안 맞았지만 많은 반 친구들이 시험에 통과하지 못해 몇 번인가 매를 맞았고 아직 집에 가지 못하고 외우고 있는 친구들도 있다고 했다.

그러면서 그렇게 외운다고 외국어 공부에 무슨 도움이 되겠냐고 화를 냈다. 그래서일까 일 년 내내 일본어 배우기를 아주 싫어했다. 처음에 받은 인상 때문인지 시험기간이 되면 할 수 없어 공부를 하기는 했지만 전혀 일본어에 대한 호기심도 흥미도 느끼지 못했다. 일 년 내내 시험을 못 보면 매를 드는 선생님과 교과서를 단지 외우게 하는 방법으로만 일관하는 일본어 선생님의 교육 방법에 반감을 가진 아이는 일본어 시간이 최고의 고역이었다.

젊지만 냉정한 일본어 선생님은 나름대로 최선의 방법이라고 생각하여 교육을 하고 있었겠지만 처음으로 남의 나라말을 배우게 되는 아이들의 입장에서 조금만 더 사려 깊었다면 얼마나 좋았을까 하는 안타까움이 아이에게 일본어 수업이 들은 날마다 새록새록 들었다.

2 아들의 친구들

1. 반 친구들

아이는 어려서부터 쉽게 친구를 만났다. 아이가 혼자라서 그런지 학교나 동네에서 동년배를 만나면 쉽게 다가가 친구로 만들었다. 게다가 몇 번의 전학을 통해서 친구 사귀는 법을 터득했다. 하지만 그건 다 미국이었기 때문 가능했을지도 환경이 다른 한국에서는 어떨지 걱정이 되었다.

첫날 학교에서 돌아온 아이는 아직 잘 모르겠지만 반 친구들이 아주 호의적이라고 했다. 옆 반 아이들까지 호기심에 찾아와서 말을 시킬 정도라는 것이다. 그렇게 혼란스러운 며칠이 지나고 아이는 자연스럽게 친한 친구를 만나게 되었다.

아이는 어려서부터 운동을 좋아했다. 그래서 아이와 친한 친구들은 대체로 운동을 좋아하는 아이들이었다. 때로는 운동을 안 좋아하는 경우에는 같은 장르의 책을 좋아하거나 생각이 비슷한 아이들도 친구가 되었다.

아이가 처음 알게 된 친구 명석이는 반 친구

들에게 유난히 따돌림을 당하는 친구라고 했다. 아이가 보기에는 순하고 착한데 조금 다른 아이들만큼 약지 못해 보인다는 것이다.

명석이는 친구들이 하는 운동이나 게임에 끼려고 노력했지만 그럴 때마다 친구들은 명석이를 무시하고 놀렸다. 물론 운동을 못하기도 하고 몸이 둔하기도 했지만 그렇다고 집단적으로 명석이를 따돌리는 건 아이에게는 옳지 않아 보였다. 그래서 아이가 친구들과 놀면서 자연스럽게 명석이를 함께 하게 하니 처음에는 친구들이 싫어했지만 아이가 워낙 운동을 잘하니까 자연스럽게 같이 어울리게 되었다.

그렇게 친해지자 명석이는 자신의 이야기를 아이에게 해주었다. 명석이 부모님은 슈퍼를 운영하고 계셨다. 명석이는 동생이 하나 있는데 명석이와 그 동생은 시험 때 밤을 새고 공부하건만 늘 성적이 바닥이었다. 처음에는 과외도 해보고 학원도 다녀 봤지만 다 소용없는 일이란 걸 알고 이제는 그냥 부모님도 할 수 있는 만큼만 하라고 하신단다.

명석이는 아마 지진아는 아이지만 지적능력에 한계가 있는 아이인듯 했다. 아이는 그런 명석이가 애처로워 항상 옆에 두고 친하게 되었고 그런 아이 탓에 명석이는 친구들 사이에 놀 수 있게 되었다.

나에게 "엄마 명석이를 보면 말귀도 잘 못 알아듣고 눈치도 없어서 때로는 답답하고 참 안타깝지만 그래도 명석이가 너무 착해서 어느새 그 답답함을 잊게 되요." 하는 아이를 보며 명석이가 계속 좋은 친구를 많이 만났으면 좋겠다는 생각을 했다.

태식이는 꿈이 무척 큰 아이였다. 태식이와는 과학동아리 활동과 문학체험 활동을 같이 하며 친해지게 되었다. 과학자가 되고 싶어 하는 태식이는 과학고등학교를 가고 싶어 했다. 열심히 노력하는 탓에 성적은 좋았지만 그렇게 성적이 좋아진 것이 중학교 3학년 들어와서 였다는 것이 문제였다. 과학고등학교 입시는 중학교 3학년 성적뿐 아니라 중학교 1,2학년 성적도 중요했다.

문학체험 활동하러 장거리 버스를 타고 가는 동안 아이에게 해준 태식이 이야기에 따르면 태식이네 집안은 경제적으로 무척 어려운 것 같았다. 태식이가 구체적으로 이야기 하지 않고 아이도 자세히 묻지 않아 잘 모르지만 이야기하는 내용으로 보아 태식이는 어머니가 이혼을 했던 사별을 했던 아버지가 안계시고 어머니가 벌어 형과 태식이를 교육시키고 있었다. 태식이 어머니의 직업도 그다지 편한 직업은 아닌 것 같았다. 그런 가정환경을 탓하느라 태식이는 중학교 2학년 때까지 말썽을 부리고 친구들과 어울려 다니며 놀다가 중학교 3학년이 되어 정신을 차렸다.

중학교 3학년 담임선생님을 만나고 마음을 다잡고 공부하기 시작해서 성적도 좋아지고 성격도 많이 밝아져서 담임선생님의 권유로 과학고등학교로 진학하기 위해 공부를 열심히 하게 되었다. 문학체험 활동을 하라는 담임선생님의 권유로 활동을 하게 되자 담임선생님은 태식이의 상황을 고려하여 권정생작가의 책을 사주었다.

태식이는 과학고등학교에 가기 위해서는 과학 올림피아드에 입상하여야 하기 때문에 대회준비를 위해 학원에도 열심히 다니고 있었다. 그렇게 열심히 공부를 하면서도 때때로 집안에 힘든 일이 있거나 형편이 좋은 친구들과 교류를 하다가는 스스로에 대한 비하에 빠져 힘들어했다.

아이는 그런 태식이에게 스스럼없이 대하며 때로는 움직이기 싫어하는 태식이를 끌고 나가 운동도 하게 하는 등 태식이와 가까워지기 위해 많은 노력을 하였다.

태식이는 가정환경 때문에 생긴 그늘 말고는 아주 좋은 아이였다. 생각도 순수하고 무엇보다도 과학에 대한 열정이나 호기심은 누구보다도 뛰어

낳다. 다른 과목보다도 과학을 어려워했던 아이에게 태식이는 늘 큰 도움이 되었다. 과학동아리 활동에서 자신의 과제를 서둘러 끝내고는 과제를 해결하지 못해 절절 매는 아이를 도와서 마무리를 해주고 시험공부를 하면서 모르는 문제를 물어보면 상세히 설명해주는 것도 태식이었다.

담임선생님은 그런 태식이를 무척 안타까워했다. 과학 경진대회에 나가거나 올림피아드에 출전하는 때면 태식이를 불러 격려를 아끼지 않으셨고 과학선생님의 도움을 빌어 도움이 되는 교재나 참고서를 사주기도 하셨다.

하지만 그럴 때마다 태식이는 안타깝게 입상은 하지 못했다. 아무래도 중1,2학년 기초가 조금 부족한 것 같았다. 더불어 태식이의 낙담도 그늘도 점점 깊어갔다.

문학체험 활동을 위한 집합장소가 집에서 먼 곳이어서 두 번인가 아이와 태식이를 내가 운전해서 태워다 주었다. 태식이는 수줍음을 많이 탔다. 목소리도 작고 아이와 이야기 하다가 웃을 일이 있어도 빙그레 웃을 뿐 큰소리로 웃는 법이 없었다. 아이와 이야기 하는 걸 들으니 문학체험 활동을 하러 가면서도 권정생 작가의 책을 읽어야 할 분량만큼 읽지 못한 것 같았다. 학원 공부에 쫓겨서 정신이 없는데 괜히 담임선생님이 이런 활동에 참여시켰다고 툴툴거리기도 했다.

태식이는 과학에 대해서는 대단한 열정이 있었지만 국어나 영어 등 여타 과목은 단지 시험성적을 위해서 공부할 뿐 도통 재미를 느끼지 못하는 것 같았다. 그래서 그런지 시간이 지나갈수록 아이와는 생각이 달라 그런지 더 이상 가까워지지 않았다. 운동을 좋아하고 문학체험 활동, 역사나 음악 등에 대해 관심이 많았던 아이와는 더 이상 깊이 있는 대화를 할 수 없었고 시간이 지날수록 생각이 다른 태식이와 아이는 점차 소원해져 갔다. 그런 아이에게 나는 몇 번인가 태식이의 상황을 생각해서 먼저 다가 가라고 이야기 했지만 아이는 자신이 아무리 노력해도 어쩔 수 없는 상황이 있는 것 같다고 했다. 그리고 중학교 3학년 2학기 중에 있는 과학고등학교 입시에서 태식이가 실패했다는 소식을 들었다.

담임선생님은 아이에게 처음부터 태식이가 과학고등학교에 합격하지 못하리라는 걸 알고 있었지만 태식이에게 목표를 주고 거기에 맞추어 노력하라고 권유한 것이라며 비록 실패는 했지만 이번 실패를 계기로 태식이도 고등학교 가서는 한눈 팔지 않고 열심히 공부할 거라고 하셨다.

중학교 졸업식 날 태식이를 보았다. 태식이는 졸업식에 아무도 오지 않은 것 같았다. 어쩌다 보니 아이와 어색한 사이가 되어 버린 태식이는 아이가 다가가자 빙그레 웃으며 인사를 나누었다. 친구들 여럿이 모여 여기저기 부모들과 사진을 찍어주다가 내가 태식이에게 다가갔다.
"태식아 잘 지냈니? 소식 들었다. 고등학교 들어가서 열심히 하면 네가 원하는 대로 꼭 이룰 수 있을 거야. 담임선생님도 그렇고 나도 마음으로 응원할 게 고등학교 가서 공부 열심히 해서 꼭 꿈을 이뤄라." 하자 빙그레 웃으며 나지막하고 익숙한 대구 사투리 억양으로
"감사합니다." 하고 고개를 숙였다. 그렇게 인사하고 돌아서는 태식이의 뒷모습을 보면서 나도 모르게 가슴이 저려왔다.

학급회장이었던 은선이는 아이의 친한 친구라고는 할 수 없었다. 은선이는 원래 부회장에 당선되었는데 아이가 회장을 고사하고 담임선생님도 권유하는 바람에 회장이 되었다. 은선이는 여자였지만 남자보다 더 남자 같았다. 아이 말에 따르면 웬만한 반 남자친구들은 은선이에게 안 맞아 본 아이가 없다고 할 정도였다. 덩치도 남학생보다 크고 담임선생님보다 클뿐 아니라 목소리도 컸다. 공부도 잘하고 반 아이들도 잘 이끌어서 담임선생님이 믿음직스러워 하는 아이였다.

처음에 은선이는 아이에게 조금 어색하게 대하더니 시간이 가자 다른

반 친구들처럼 익숙하게 대했다. 그러면서 학원에서 배우는 어려운 영어 숙제를 아이에게 내밀었다. 은선이는 자신이 집에서 몇 시간을 끙끙거리고 해도 끝내지 못하는 영어 숙제를 아이에게 내밀자 아이가 몇 분 내에 끝내는 걸 보고는 감탄하더니 매일 같이 학원 숙제를 내밀며 당연한 듯이 해달라고 했다. 아이는 그저 재미삼아 이 친구 저 친구들이 미처 못한 학원 숙제를 해주었다. 그래서 그런지 은선이는 반의 일을 도맡아 하고 특히 손이 섬세하지 못해 담임선생님이 아이에게 하라고 한 과제물 자르는 일 등 아이가 해결하지 못하는 일을 은선이가 도맡아 하며 알게 모르게 아이를 도와주어 아이가 쉽게 부회장을 할 수 있게 도와주었다.

나는 아이에게 은선이 이야기를 들을 때마다 흐뭇해져서 그렇게 똑똑한 여자아이들이 잘 자라면 앞으로 우리 사회의 양성평등문제는 쉽게 해결되리라 생각했다.

아이의 옆 짝이었던 여자아이였던 미라도 엄밀하게 아이의 친한 친구라고는 볼 수 없었다. 하지만 미라는 붙임성이 좋은 아이였다. 아이와 짝이 되자 미라는 매일매일 아이에게 궁금한 걸 묻고 자신의 이야기를 했다. 미라는 가정이 무척 부유했다. 미라가 하나였던 미라 부모님은 미라에게 큰 기대를 걸고 있었다. 하지만 미라는 부모의 기대와는 달리 그다지 공부에 흥미가 없었다. 매일 매일 학교가 끝나면 밤 11시까지 학원에 있었지만 그럼에도 불구하고 성적이 좋지 않았다.

미라는 학교가 끝나면 학원으로 가자마자 학원식당에서 떡볶기, 김밥, 오뎅, 피자 등으로 저녁을 해결하고 학원이 끝나면 밤 11시 가까이 되어 집으로 갔다. 밤늦게 집에 온 미라가 안쓰러운 미라의 어머님은 군만두, 자장면, 볶음밥 등 아이가 좋아하는 음식을 만들어 주었고 지겨운 학원 강의에 지친 미라는 그 밤에 엄마가 만들어준 음식을 푸짐하게 먹고는 새벽 두세 시에 잠이 들어 아침이면 겨우 일어나 택시를 타거나 아버지가 차로 학교에 데려다 주어도 지각을 일삼았다.

그런 미라에게 담임선생님은 체벌도 해보고 반성문도 써보게 하고 갖은 아이디어를 내어 교정을 시도해 보았지만 그때뿐 또 며칠이 지나면 마찬가지였다. 그러니 미라는 수업시간에도 자는 일이 다반사였다. 아이에게 어떻게 학원을 안 다니고 공부할 수 있냐고 물을 정도로 어려서부터 전 과목 학원을 다녀서 학원 없이는 공부를 할 수 없다고 생각하는 아이였다. 그럼에도 불구하고 미라의 학교성적은 그저 중간을 하는 정도였다.

그렇게 생활해서 그런지 미라의 체격은 나날이 커졌고 그 크기에 비례해 먹는 걸 즐겼다. 급식으로 나오는 나물이나 생선 같은 반찬은 거의 먹지 않고 버리고 급식 쟁반을 치우자마자 매점으로 달려가 과자와 빵, 아이스크림을 먹어야 끼니를 먹었다고 생각했다.

미라는 아침에 학교에 와서 두세 시간 졸다가 머리가 맑아지면 그 전날 학원에서 있었던 일이나 집에서 부모님과 나눈 대화에 대해 이야기하기를 좋아했다. 물론 아이는 학원이란 곳을 다니지 않으니 미라의 이야기가 재미있었고 미라의 집안 이야기도 흥미로우니 열심히 들어주고 물어보고 하니 미라도 신이 나서 더 상세하게 이야기를 잘해주었다.

미라의 학원에서 일어나는 일은 주로 숙제를 안 해 가서 학원 선생님들께 매를 맞는 일이나 선생님들이 하는 유머가 주된 내용이었다. 미라는 자신의 어머니의 충동구매에 대해서 재미있게 이야기했다. 아이는 그런 이야기를 들을 때마다 허리를 꺾고 웃고는 집에 달려오자마자 나에게 그 이야기를 하고 싶어 안달을 했다.

주말이면 미라는 부모님과 외식을 했다. 미라 부모님은 뷔페식당이나 패밀리식당에서 푸짐하게 먹는 미라를 바라보는 걸 무척 좋아하셨다. 그렇게 점심을 먹고는 마트에 가서 장을 보았다. 미라 어머니는 세일을 무척 좋아 하는데 그 중에도 특히 음식 세일을 아주 좋아하셨다. 만두세일을 하면 한 번에 몇 봉지씩 사다가 냉동에 넣어두고 그 만두가 없어질 때까지 매일 끼니때마다 먹어야 했다. 그래서 미라는 마트 가서 세일하는 음식을 보면 겁부터 난다고 했다. 한번은 미라 어머니가 세일하는 군만두를 열 봉지나 사 오셔서는 끼니 뿐 아니라 간식까지 군만두를 내놔서 미라아버지가 화가 나서 전화로 닭튀김을 시켜 먹었다는 이야기를 듣고는 아이는 저도 모르게 너무 웃다가 의자에서 떨어져 교실 바닥을 떼굴떼굴 굴렀단다. 그 모습을 보고 주위 친구들도 웃고 미라는 자기 이야기가 그렇게 재미있었나 좋아하며 같이 웃었다. 주말 저녁이면 아이는 내일은 또 미라에게 어떤 음식이야기를 들을까 생각하며 웃고 정말 월요일 학교를 다녀오면 현관문을 열자마자 미라의 이야기를 전하며 허리를 꺾고 웃었다.

미라의 꿈은 중국어나 일본어를 전공하여 통역사로 국제무대에서 활동하는 것이었다. 아이가 보기에 미라는 일본어를 잘하고 어학에는 재주가 있어 보인다는 것이다. 다만, 지나친 학원 의존과 음식에 대한 무절제가 미라의 학업을 방해하는 진정한 이유로 보여 그런 이야기를 아이가 미라에게 기분 상하지 않게 농담처럼 해주었지만 이미 습관이 되어버린 미라는 교정의 의지가 없어 보인다고 안타까워했다.

두식이라는 아이는 선생님들께 꽤 유명한 아이였다. 두식이 누나가 이년 전 같은 중학교를 졸업해서 선생님들이 잘 알고 있었다. 두식이 누나는 중학교를 전교 일등으로 졸업하고 진학한 고등학교에서도 전교 일등을 놓치지 않는 수재였다. 하지만 두식이는 누나와는 달리 공부에 흥미가 없고 말썽을 부려 선생님들께 알려지게 되었다.

담임선생님은 두식이 자리를 아이 앞에 해주고는 아이에게 공부시간에 자거나 말썽을 부리면 말리라고 하셨다. 아이에게 담임선생님은 두식이가 집안 뿐 아니라 학교 등 주위에서 누나와 너무 비교가 되니까 반항심이 생겨 자꾸 말썽을 부리는 모양이라고 하셨다. 두식이 부모님뿐 아니라 담임선생님도 몇 번인가 두식이를 불러서 타일렀지만 소용이 없었다.

아이가 보기에는 두식이가 말썽을 부릴 만하다는 것이다. 선생님들마다 수업을 하다가 두식이를 보고는 문제를 풀게 하여 못 풀거나 잔다고 혼을 내다가는 누나는 그렇게 공부도 잘하고 모범생인데 너는 왜 그러냐라는 식의 핀잔을 빼먹지 않았다.

그러니 늘 꼬리표처럼 잘난 누나와의 비교를 달고 살아야 하는 상황이 두식이를 더 반항하게 하는 것 같았다. 한번은 학교 밖에서 다른 학교 학생 몇 명과 두식이와 친한 친구 몇이 패싸움을 했던 모양이었다. 그 일 때문에 두식이는 교무실에 몇 번을 들락거리고 학교가 시끌시끌했다. 결국 두식이 부모님이 학교에 오셔서 말썽 안 부린다는 서약서를 쓰고 두식이가 며칠 근신하는 것으로 문제가 마무리되었다. 그 일을 처리하는 과정에서 아이는 두식이 반 부회장으로 같이 교무실에 가는 등 두식이를 도와줘야 했다.

두식이는 처음에 아이가 교무실에 동행하고 생활지도 선생님께 데려다 주는 등의 심부름을 하자 아이를 철저히 무시하다가 아이가 두식이에게 스스럼없이 편하게 대하자 서서히 마음의 문을 열었다. 하루는 생활지도 선생님께 붙들려 반성문을 쓰느라 늦게까지 있던 두식이가 가방을 가지러 교실에 들렸다가 교실에 남아 미처 받아쓰지 못한 노트필기를 하느라 교실에 남아 있던 아이를 보게 되었다.

아이가 두식이에게 그날 수업시간 숙제를 알려주고 노트필기가 필요하면 아이 노트를 빌려 주겠다고 하자 두식이는 그런 건 필요 없다고 하면서 서로 이야기를 하게 되었다.

두식이 말에 따르면 두식이는 어려서는 단정하고 착한 아이였다. 초등학교 고학년이 되면서부터 공부와 모든 면에서 만능인 누나가 두각을 나타내기 시작하면서 문제가 생겼다. 누나는 하루에도 몇 번이나 학교에서 집에서 칭찬을 듣는데 두식이는 그럴 때마다 번번이 혼이 났다는 것이다. 더구나 두식이는 아들에 대한 기대가 대단한 아버지 때문에 더 힘들다고 한다. 아들만으로는 몇 대 독자에 속하는 두식이 아버지는 전형적으로 가부장적인 사고방식을 가진 사람이었다. 두식이 아버지는 두식이 누나가 모든 면에서 뛰어나도 별로 관심을 안보이시고 오히려 누나에 버금가지 못하는 두식이를 혼내셨다.

중학교에 들어오면서 두식이 아버지의 조바심은 더 심해지셨고 결국 매를 들게 되셨다. 두식이 아버지의 매가 심해지면 질수록 두식이의 반항은 더 심해졌다. 두식이와 두식이 아버지 사이에서 어찌지 못해 고생하시는 두식이 어머님을 보면 두식이도 마음이 편하지 않았지만 집에만 가면 몽둥이를 들고 계신 아버지 때문에 급기야는 집을 나가 친구 집을 전전하는 등 방황은 점점 심해졌다. 결국 매로는 어찌지 못한다는 사실을 깨달은 아버지와 담임선생님의 배려로 두식이는 조금씩 마음을 잡아 가는 중이었지만 이미 마음에 깊이 자리 잡은 어쩔 수 없는 아버지와 자신을 끊임없이 누나와 비교하는 선생님들에 대한 반감 때문에 수시로 말썽을 부리고 있었다.

그 후로 두식이는 많이 안정을 찾았다. 반에서는 제법 말썽을 부린다는 몇몇 아이들 말고는 말도 안 하던 두식이는 아이와는 종종 이야기를 했고 청소를 해야 한다거나 무거운 걸 들어야 하는 등의 힘든 학급 일을 아이가 하고 있으면 두식이는 스스럼없이 다가와 일을 거들기도 했다. 가끔은 아이에게 필기된 노트를 빌려 가기도 할 정도로 많이 좋아지자 누구보다도 담임선생님이 아주 좋아하셨다.

아이는 두식이를 보면서 "엄마, 사람은 제각기 다른데 왜 다들 비교하기를 좋아할까? 물론 말썽을 부린 두식이도 잘못했지만 그럴 때마다 두식이 누나를 들먹이는 선생님들을 보면 나도 화가 나요." 할 정도로 아이는 두식이를 안타까워했다.

아이와 절친한 아이들은 주로 점심시간에 농구를 하던 같은 반 친구들이었다. 제법 농구를 잘하던 병진이는 아버지가 헬스클럽을 운영해서 고등학교를 졸업하고 아버지 사업을 물려받겠다고 그래서 고등학교도 헬스클럽 운영에 필요한 기계를 다루는 기술을 배우겠다고 공업고등학교로 진학하겠다는 자기 주관이 확실한 아이였다.

진욱이 역시 농구를 잘했다. 진욱이는 모든 게임에 능했다. 그러다 보니 간혹 피시방에서 하는 전자게임에 빠져 말썽을 일으키곤 했다. 경제적으로 어려웠던 진욱이는 피시방에 드나드느라 더 경제적으로 힘들어했다.

학기말 시험이 끝나고 아이와 친구들이 찜질방에서 하룻밤 지내며 놀고 오기로 했다. 한 친구가 시설이 좋다는 찜질방을 알아보고 한 친구는 어머니가 동생과 함께 동행(그제야 대구에 도착한 첫날 대구 시내 찜질방 앞에서 청소년들에게 신분증을 요구하던 찜질방 주인이 이해되었다. 밤 10시가 넘으면 청소년은 어른과 동행해야 출입할 수 있다는 사실을 말이다. 아이 친구의 어머니는 아들의 요구를 받고는 흔쾌히 동행하기로 하였단다)하기로 하였다. 나는 평소 정해진 용돈이란 개념 없이 아이가 필요할 때마다 돈을 주었다. 아이의 생활은 집 아니면 학교일 정도로 단순해서 친구들과 같이 놀러가는 일이 드물었다. 그래서 아이 스스로 용돈이 필요 없다며 필요할 때마다 알아서 달라고 했다. 그날도 찜질방 입장료와 저녁밥 값, 간식비, 차비 등을 약간 넉넉하게 주었다. 다음날 저녁 찜질방에 다녀온 이야기를 하던 아이는 진욱이 때문에 속상했던 이야기를 해주었다.

찜질방에 들어가 한참 놀던 아이들이 저녁을 먹기로 했다. 식당에 가는데 진욱이는 자신은 속이 안 좋다고 텔레비전을 보겠다고 했다. 그래서 처음에는 그런가 보다 하고 말았단다. 밥을 먹고 아이들이 모여 게임을 하고 놀다가 간식을 먹기로 했는데 이번에도 진욱이는 생각이 없다며 다른 곳으로 갔다. 이상하게 생각한 아이가 따라가 보니 진욱이가 자꾸 물을 들이켜고 있었다. 아이는 이상한 생각이 들어 무조건 진욱이를 끌고 가 간이식당에서 라면을 시켜주자 그때서야 진욱이가 허겁지겁 먹었다. 먹으면서 진욱이는 어머니에게 찜질방 입장료와 라면 값만 받아왔는데 그만 그 라면 값을 피시게임으로 다써버렸다는 것이다. 그래서 자존심 강한 진욱이는 친구들에게 말도 못하고 배가 고파 물만 마시고 있었던 거다. 아이는 진욱이에게 왜 진작 말을 하지 그랬냐며 웃고 말았지만 허겁지겁 라면을 먹는 진욱이를 보며 속이 상했다는 이야기를 했다. 나 역시 아이에게 진욱이 이야기를 들으며 마음이 많이 아팠다. 그래서 아이에게 자존심 강한 진욱이가 더 이상 피시게임이나 게임 때문에 끼니를 굶는 일이 없게 게임을 절제하도록 친구로서 충고하는 게 친구의 중요한 역할이라는 사실을 상기시켜 주었다.

그 외의 많은 아이 반 친구들이 아이에게 호의적이었다. 공부를 잘하든 못하든 가정 형편이 좋든 나쁘든 처음에는 호기심으로 아이를 대하다가 누구에게나 스스럼없이 대하는 아이를 잘 알게 되자 같은 학교 반 친구로 대해주었다. 아이가 친구들과 잘 지내게 되면서 나는 그동안 혹시 아이가 친구들 사이에서 어려움을 겪지 않을까 하는 우려를 하지 않게 되었다. 아이가 전해주는 아이 친구들의 이야기를 들으며 아이들의 가정환경이나 생활은 조금씩 달라도 부모님의 영향으로 아이들이 정상적으로 잘 자랄 수 있었고 선생님들의 영향으로 건전한 사회인으로 성장할 수 있으리라는 생각을 하게 되었다. 미국에서 대구로 돌아오면서 가장 걱정을 했던 아이가 대구 학교에 완벽하게 적응하면서 나는 귀국하면서 가졌던 모든 우려와 걱정으로부터 해방될 수 있었다. 아이의 적응과 더불어 대구에 대해 애착을 느끼게 되고 좀 더 대구와 거기 사는 사람들을 알고 싶다는 생각을 하게 되었다.

2. 농구부 친구들

아이가 미국을 떠나면서 아쉬워했던 것 중에 하나가 더 이상 팀 운동을 할 수 없으리라는 것이었다. 남편과 나는 미국과 같은 팀 운동은 없지만 마음만 먹으면 학교나 동네에서 팀 운동을 할 수 있을 거라 위로를 해주긴 했다. 하지만 미국처럼 동네에서 조직적으로 팀을 만들어 운동을 하거나 학교에서 운동을 하기는 힘들지 않을까 생각했다. 일단 한국은 아이들 공부가 우선이라 운동선수로 나가지 않는 한 공부와 병행하여 미국에서처럼 한국에서 팀 운동을 하기는 힘들 거라 생각했다.

초등학교 1학년부터 아이는 팀 운동을 했다. 축구를 시작으로 농구, 야구 팀에서 활동을 했다. 대체로 같은 동네, 같은 학교 학생을 중심으로 우리로 치자면 구청에서 실비만 받고 팀을 구성하여 리그전을 했다. 때로는 스포츠전문 사회단체에서 실비를 받고 팀을 조직해서 리그전을 했다.

초등학교 1학년 때 친한 친구의 권유로 가을

에 하는 축구팀에 들었다. 일주일에 두 번 연습을 하고 한 번의 시합을 가지는 형태로 가을에 시작해서 겨울이면 끝이 났다. 아이들이 어리고 같은 동네 살다보니 자연스럽게 연습장에서, 게임에서 부모들끼리 알게 되어 시즌이 끝날 즈음에는 아주 절친하게 되어서 마지막 파티를 하고 헤어졌다. 이사를 가지 않는 한 같은 동네에서 해마다 같은 팀으로, 팀 부모로 서로 알고 친하게 지내게 된다. 비록 어린 아이들이지만 제법 심판이며 규칙 등이 엄격해 처음에는 오합지졸이 모여 재미삼아 하다가 시간이 지나면서 아이들도 조직화 되고 부모들도 경기결과에 열을 내게 되어 시즌이 끝날 때 즈음에는 처음에는 생각지 못했던 끈끈한 유대감을 느끼게 된다.

초등학교 3학년이 되면서 여름에는 야구팀, 겨울에는 농구팀에도 참가하여 방학을 제외한 일 년 내내 운동을 했다. 학년이 올라가면서 아이들이 자신들의 소질을 알게 되어 보통은 하나 정도의 운동만 하는데 아이는 세 개 운동에 다 흥미와 소질을 보였다. 그래서 대구로 돌아올 때까지 팀 운동을 계속했다.

중학교 시절에는 축구 팀 동네리그를 하는데 우리로 치자면 청소년 대표 팀 정도 되는 팀에서 아이에게 스카우트 제의를 할 만큼 아이는 축구에 소질을 보였다. 축구뿐 아니라 농구, 야구에도 약간씩은 조금만 훈련하면 운동선수로 성공할 수 있지 않을까 하는 의구심을 갖게 할 만큼 운동을 좋아하고 잘했다.

아이도 한 때는 운동선수가 되어 볼까 진지하게 고민하기도 했다. 하지만 부모가 아닌 냉정한 객관적인 시각으로 보자면 아이는 또래보다 조금 나았다 뿐이지 운동을 그렇게 월등히 잘하거나 천재적 소질이 있거나 아니면 연습을 죽도록 하는 끈기가 있는 건 아니었다. 아이는 운동연습이나 게임이 있는 날은 미리 숙제나 과제를 끝낼 만큼 계획적으로 움직였고 운동을 위해서 숙제나 과제를 소홀이 하거나 미룬 적은 없었다. 그런 문제로 내가 강요한 적은 없었다. 다만 어렸을 때는 하루에 필요한 한글공부를 안

한 날은 운동연습이나 게임을 못 가게 하는 규칙을 만들어 한글을 가르치긴 했지만 학교공부로는 그런 규칙을 세울 필요가 없었다. 아이는 오랫동안 운동연습을 하는 것 보다는 적당히 운동하고 자신이 흥미 있어 하는 책을 읽는 걸 더 좋아했다.

그래서 한국으로 돌아오며 팀운동을 할 수 없는 것을 무척 아쉬워했다. 그럭저럭 학교에 적응하기 시작하던 어느 날 아이는 현관문에 들어서며 기쁜 소식을 알려왔다. 학교에서 팀을 조직하여 농구 게임을 하는데 구내 다른 중학교와 경기를 치러 이기면 마지막에는 대구시내 최강팀과 게임을 하고 거기서 이기면 상도 받는다는 것이다. 물론 정규 학교 농구팀으로 운영되는 것이 아니고 체육시간에 체육선생님이 아이들 중에서 대표를 뽑아 대회에 나간다고 했다. 그리고 그 모든 절차를 시 교육청에서 지원한다는 것이다. 아이는 당연히 점심시간에 농구를 같이하던 다른 반 친구들과 같이 학교대표로 뽑혔다는 거였다.

그렇게 학교 대표 팀 농구부원들인 친구들을 알게 되었다. 다른 반이라서 별로 친해 질 기회는 없었는데 점심시간에 간간이 반 대항 농구를 해서 조금 알고 있긴 했는데 학교 대표 팀이 되면서 친하게 되었다.

농구팀 중 가장 키가 컸던 상인이는 옆 반 회장이었다. 키도 크고 공부도 잘하고 농구도 잘했다. 거기다 모든 행동이 모범적이었다. 나이보다 생각도 행동도 어른스러웠다. 중간고사가 끝나고 농구대회를 준비하느라 방과 후에도 연습을 하는 등 시간을 같이 보내면서 아이는 자연스럽게 상인이에 대해서 알게 되었다. 상인이의 아버지는 한학자였다. 대학에서 동양철학을 가르쳤다. 그런 아버지의 영향으로 생각이나 행동이 진중하고 어른스러웠다. 하지만 때로 아이들은 그런 상인이를 답답해했다. 너무 진중하고 또래답지 못한 행동이 때로는 질리게 하는 모양이었다. 아이는 그런 상인이를 아주 좋아했다. 상인이는 자주 아이에게 문자를 보냈다. 수시로 자신의 감상이나 생각을 보내왔다. 아이는 그걸 볼 때마다 공감하기도 했지만 때로는 마구 웃어 대기도 했다. 갑자기 문자를 보고 허리를 꺽으며 웃어대서 왜그러냐고 물어보면 상인이가 점심으로 삼겹살을 먹었는데 그 사이에 인생의 진리를 발견했다는 문자를 보내왔기 때문이란다. 시험이면 시험 잘 보라며 하지만 시험이 인생의 전부는 아니다라는 식의 문자를, 체험활동 간다면 가는 동안 시간의 덧없음을 느껴보라는 식의 문자를, 집에서 쉬면서 게으름 피우고 있다고 하면 게으름 속에서도 생의 의미를 찾으라는 식의 선문답 같은 문자를 자주 보내왔다.

상인이에게도 고민은 있었다. 모든 과목 성적이 다 좋았던 상인이는 유독 수학에 약했다. 노력을 많이 하는 데도 실력이 늘지 않는다며 걱정을 했다. 상인이 말로는 자신은 아버지처럼 동양철학이나 철학 쪽을 공부하고 싶은데 부모님은 의학을 공부하라고 해서 자신의 수학 성적 때문에 걱정을 많이 했다.

상인이의 그런 진중한 성격이 농구게임에서도 반영되어 키는 크지만 공격이 약하다는 약점이 있었다. 그래서 팀내 친구들은 상인이의 그런 경기운영에 대해 종종 불만을 표하다가 서로 감정적인 대립을 하기도 했다. 그럴 때마다 아이는 상인이의 편에서 상인이를 옹호하느라 다른 친구들과 약간 어색한 사이가 될 정도로 상인이를 이해했다.

아이는 미국에서 팀 운동을 하면서 게임결과 때문에 흥분하거나 낙담할 만큼 게임에 몰두했었다. 하지만 팀 운동에서 자신의 역할을 아무리 잘해도 팀 내 단합이 안 되거나 팀원 하나라도 제 역할을 못하면 게임에서 좋은 결과를 낼 수 없다는 건 익히 알고 있었다. 처음 팀 운동을 할 때는 제 역할을 못하면서도 별로 반성하지 못하는 어리석은 팀원들 때문에 화도 내고 미워도 했지만 세월이 흐르면서 어쩔 수 없는 팀원도 있다는 걸 알게 되었다.

그래서일까 상인이의 성격을 이해하는 아이도 상인이의 어이없는 플레이를 보면 화가 나기도 했지만 그것이 그의 한계라고 생각하는 아이는 늘 상인이를 감싸주었다. 농구경기가 끝나고 지금까지도 상인이와 연락을 주고받는 친한 친구가 된 건 아마도 그런 이유일 것이다.

팀내에서 제일 몸도 빠르고 점수도 제일 많이 따냈던 정훈이는 성격이 급했다. 자신이 잘하는 만큼 팀원들이 잘해주기를 바랐던 정훈이는 그래서 팀내에서 불화도 제일 많았다. 아이는 정훈이를 보고 있으면 마치 미국에서의 자신을 보고 있는 것 같다며 불화가 있을 때마다 정훈이를 달래느라 진땀을 흘렸다. 정훈이는 아버지가 일찍 돌아가셨지만 어머님이 큰 식당을 운영하셔서 경제적으로 전혀 어려움이 없었다. 하지만 형제도 없고 어머니와 단둘인데 바쁜 어머니 때문에 늘 혼자 지내다 보니 공을 벗 삼아 보내는 시간이 많았다. 그래서 농구를 좋아하는 수준이 아니라 아주 몰두하는 수준이었다. 그러니 공부가 많이 떨어졌다. 시합에 나가기로 하고 방과 후나 주말에 모여 연습을 하기로 했지만 학원이나 과외 가는 아이들 때문에 연습시간을 내기가 쉽지 않았다. 그런 일이 있을 때마다 제일 화를 내는 것도 정훈이었다. 그런 성격 탓에 게임에서 경기가 조금 안 풀리면 제풀에 제일 먼저 무너지는 것도 정훈이었다. 아이는 정훈이에게 그런 점을 고치라고 몇 번이나 충고를 하였지만 이미 성격이 굳어진 정훈이는 시합이 끝날 때까지 그 성격을 고치지 못하고 결국 시합에서 준우승에서 탈락하는 결정적인 빌미를 제공했다.

주영이는 분위기 메이커였다. 체구는 자그마하지만 몸이 빠르고 재치가 있었던 주형이는 늘 뭐 재미있는 일이 없을까만 생각하는 개구쟁이였다. 아이는 그런 주영이 덕분에 많이 웃었다. 게임에서 어이없는 실수를 하고도 웃기는 행동을 해서 팀원들을 웃게 만들만큼 재미있는 아이였다.

주영이는 유복한 가정의 첫째로 동생도 같은 학교 1학년에 다니고 있었다. 동생은 주영이와 달리 점잖고 모범생이어서 한 형제처럼 안보일 정도로 단정한 아이였다. 학교에서 그 사실을 아는 선생님이나 친구들은 그런 주영이를 동생보다 못하다고 놀렸지만 주영이 부모님은 그런 주영이를 항상 감싸셨다. 그런 부모님 탓인지 주영이 성격은 그 어느 누구보다도 밝았다.

그 외의 농구부 친구들도 다들 재미있고 각각 개성이 뚜렷한 아이들이었다. 중학교 3학년 마지막으로 학교 대표로 뽑혀 농구시합을 한다는 사실만으로 감격해서 농구팀 유니폼도 맞추고(아이는 다음에 입을 것도 아니고 이삼일 입을 걸 옷까지 맞추나 싶어 반대하고 싶었지만 다시 생각하니 자신은 늘 해마다 유니폼을 맞추고 게임을 해서 그런 것이 신기하지 않지만 친구들은 처음이라 그런 것 같다며 곧 친구들과 의견을 같이 하기로 했다) 학원이나 과외로 쫓기는 시간을 서로 맞추어 가며 연습에 몰두했다.

주말이면 농구연습을 하고 친구들과 함께 식당에서 밥도 먹고 이런저런 이야기를 하며 시간을 함께 보내 아이는 쉽게 한국아이들의 생활에 동화될 수 있었다. 학교가 끝나면 학원이나 과외로 뿔뿔이 흩어지는 아이들 때문에 같이 학원을 다니거나 과외를 하지 않는 한 친구들과 학교 이외에서 만나거나 이야기 할 시간이 없던 아이는 농구팀을 통해서 당시 아이들의 고민이나 참 생활을 엿볼 수 있었다.

농구시합이 있던 이틀 동안 체육선생님이 사주시는 점심도 먹고 나름 의기투합해서 시합에 임했지만 연습시간이 절대적으로 부족했던 아이 학교 팀은 준우승 문턱에서 좌절하고 말았다.

전통과 여건이 월등했던 다른 학교 팀에 비해 신생팀에 불과했던 아이 학교 팀은 팀 구성도 늦게 되고 팀 내 아이들 간의 시간 조율도 힘들어 그나마의 성적을 낸 것도 대단한 성과였다.

나는 무엇보다도 학교 농구대표팀에 뽑혔다고 했을 때 그렇지 않아도 시간에 쫓기는 아이가 공부할 시간이 없는 건 아닐까 우려했지만 아이보다도 학원 때문에 더 바빴던 다른 아이들 때문에 그런 우려는 기우에 불과함을 알았다. 그리고 그렇게 구성된 팀이라도 혹시 학교에서 학교 명예 때문에 아이들을 닦달할까 걱정했지만 학교에서 재미로 하라고 하고 특히 아무런 구속이나 제약을 하지 않는 체육선생님의 태도가 오히려 놀라웠다. 이틀을 아이들을 데리고 다니며 밥을 사주고 경기 뒷바라지를 했던 체육선생님은 아이들이 못해도 괜찮다고 아이들을 위로할 만큼 관대한 분이었다는 사실이 놀라웠다.

한국으로 돌아오기 직전 일 주일이나 이 주일에 한 번씩 아이는 주말이면 친구들과 영화를 보거나 운동장에 모여 농구를 하고 끼니를 사먹었다. 주말이면 주중에는 숙제나 과제 때문에 바빴던 아이들이 마음 놓고 놀 수 있던 날이었다. 그럴 때마다 나는 아이들 약속장소에 태워다 주고 데리러 가야 했다. 아이는 그 시간을 통해서 친구들과 고민도 나누고 장래걱정도 하면서 또래로서의 공감대를 느끼고 서로 간의 위로를 주고받았다. 미국에서 떠나면서 그 시간이 너무 그리울 거라고 했지만 농구 시합을 하면서 친구들과 그와 같은 기회를 가질 수 있어 아쉬움을 달랠 수 있었다.

공부가 힘들거나 감정적으로 적응하기 힘들다가도 친구들과 농구 한 게임하고 땀을 흘리고 나서 서로 뺏고 빼앗기며 차가운 물을 마시거나 아이스크림을 먹고 때로는 같이 밥을 먹으면서 한 때나마 걱정이나 시름을 내려놓을 수 있을 만큼 아이에게 농구시합은 그리고 농구팀원이 된 것은 좋은 기회였다.

3 아들의 **특별활동** 에서 만난 **사람들**

1. 원어민 선생님

대구시내 모든 학교에 한 명씩 배정되는 원어민 선생님이 아이 학교에도 있었다. 다른 고등학교 영어선생님과 대구에서 만나 결혼을 하고 대구에 정착한 남자 선생님이었다. 담임선생님의 소개로 원어민 선생님을 알게 되었다. 중학교 1, 2학년을 중심으로 가르치므로 아이는 직접 배울 기회는 없었지만 몇 번인가 만나 이야기할 기회가 있었다. 캐나다에서 태어나고 대학을 캐나다에서 나와 세상 구경을 하고 싶어 여기저기 돌아다니다가 대구에 정착한 거였다.

원어민 선생님은 워낙 성격이 낙천적이고 친화력이 좋아 적응을 잘 하는 것 같았다. 처음 원어민 선생님은 아이를 보고 아이가 그렇게 오랜 시간 미국에 체류했으면서 한국말을 잘하고 한국학교를 처음 다니는데 공부를 따라간다는 사실에 무척 놀라워했다.

원어민 선생님과 아이가 가깝게 된 건 학교 축제를 통해서였다. 학교 축제에서 영어 퀴즈를 내게 된 원어민 선생님과 통역을 하고 기타를 치며 노래를 부르기로 했던 아이는 축제 준비로 몇 번을 만나게 되었다. 아이디어를 짜느라 몇 번 만나면서 자연스럽게 개인적인 이야기를 나누게 되었다. 원어민 선생님은 학교에서나 개인적으로 영어를 가르치면서 마음속에 담아둔 대화를 나눌 사람이 없어서 외로워했다. 물론 원어민 선생님의 아내도 영어 선생님으로 대화는 가능했지만 문화적인 차이를 공감하기는 어려웠다. 아이와는 문화적인 차이라든가 말의 뉘앙스라든가 그런 이야기를 하면서 깊이 공감하게 되자 원어민선생님은 몇 달 만에 처음으로 영어로 속 시원히 불평불만을 하여서 너무 좋다고 하셨다.

원어민 선생님은 교무실에서 대화가 잘 통하지 않는 걸 답답해했다. 물론 몇몇 영어선생님과는 간단한 대화는 가능했지만 그 뿐이었다. 회식에 참석하면 술이 조금 들어가면 선생님들은 용기를 내어 이말 저말 마구 쏟아냈지만 그건 술이 취했을 때 뿐이었다. 그렇게 활달하게 이야기 하던 선생님들도 다음 날 교무실에서 만나면 또 인사말 뿐이었다. 그러니 늘 혼자였고 외로웠다. 그런 원어민 선생님 이야기를 듣고 온 날 아이는 "엄마, 그래도 난 다행이지. 친구들과 대화는 가능하니까 말이야. 물론 아직 감정적으로 까지 깊게 친해지지는 않았지만." 하며 웃었다.

아이와 나는 무엇보다도 대화가 통해도 다른 나라에 와서 외국인으로 산다는 것이 얼마나 고단한 일인지 깊이 공감하고 있었다. 처음에는 모든 것이 새롭고 긴장되고 두려워서 잘 모르지만 시간이 지나 안정이 되면 안정이 될수록 외로움은 깊어 간다는 사실을…

2. 자원봉사센터 선생님

아이는 학교 규정에 따라 일 년에 몇 시간 이상은 봉사를 해야 했다. 처음에는 아이들이 일반적으로 한다는 구청이나 도서관, 경찰서 같은 곳에서 담배꽁초나 쓰레기 줍기 같은 봉사를 할까 생각했다. 하지만 아이는 봉사를 이왕 할 바에는 뭔가 의미 있는 봉사를 하고 싶어 했다. 자신의 능력으로 정말 남에게 도움이 되는 그런 일을 하고 싶어 했다.

미국의 중학교에서는 그런 봉사가 의무는 아니었지만 대학을 가자면 고등학교 때는 봉사를 많이 해야 했다. 아이의 친구 형이나 누나들은 주로 빈민촌 집짓기 행사나 오지마을 봉사를 다녔었다.

시간은 많지 않고 아이 능력에 맞는 행사가 없을까 싶어 대구시 자원봉사센터에 연락을 해보았다. 담당선생님이 아이에게 맞는 통번역봉사가 있다고 알려 주었다. 대충 아이의 어학능력을 설명하고 공인인증점수를 이야기 하자 마침 통번역봉사 모임을 갖는다며 약속시간과 장소를 알려 주었다.

 네비게이션을 의지하고 약속장소로 갔다. 자원봉사센터 사무실에 도착해 작은 방으로 안내를 받았다. 이미 도착한 사람 몇이 있었다. 연령대도 성별도 봉사를 하는 이유도 다양했다. 일본어 봉사를 하고 싶다는 자영업을 한다는 멋쟁이 여사장님, 인턴연수를 가기 전에 자투리 시간에 중국어 봉사를 하고 싶다는 건장한 남자 대학생, 직장생활에 바쁘면서도 뭔가 의미 있는 일을 하고 싶다고 불어 봉사를 하고 싶다는 날씬한 커리어 우먼, 미국 방학을 이용해 봉사를 하고 싶다는 예비 대학생 등이 있었다.

 담당선생님의 약간의 소개가 끝나고 통번역봉사 요령과 방법을 알려 주었다. 특히 영어권의 경우 통역봉사를 하려는 사람은 많은데 시간이나 장소 등등이 잘 맞지 않아 쉽지 않다는 이야기를 해주었다. 때마침 세계 장애인 농구선수권 대회에서 영어 통역을 찾고 있다고 했다. 아이는 자신이 하고 싶다는 의사를 강력히 표현했다. 무엇보다도 아이는 농구에 대해서만은 누구보다도 잘 알고 봉사를 잘 할 수 있다는 자신감이 있었다. 하지만 아쉽게도 그곳에서는 장애인들의 경우 통역만 하는 것이 아니라 육체적으로도 도움을 줄 수 있어야 해서 고등학생 이상 정도의 연령대를 필요로 한다고 해서 할 수가 없었다. 그래서 봉사단체 자체에서 필요한 봉사관련 책자를 번역하기로 하고 모임을 마쳤다.

 그날 자원봉사 담당선생님을 통해 안동이나 경북 시골에 살면서 일본어나 중국어에 능통해 우편으로 번역 봉사를 하는 70대 할아버지나 시간에 쫓겨 모임에는 못나오지만 메일로 주고받으며 영어 번역 봉사를 하는 출판업계 종사자나 중고등학교 선생님 등 진정한 의미의 봉사를 묵묵히 하고 계시는 분들이 많음을 알게 되었다. 아이는 물론 학교 과제이기 때문에 시작하게 되었지만 번역을 하는 동안 봉사의 의미를 다시 알게 되고 오히려 아이가 번역을 통해 한국어 실력을 쌓게 되는 효과를 거두었다.

봉사가 끝나고 메일로 번역원고를 보내 자원봉사센터 선생님에게 봉사 확인서도 받고 아이의 번역이 훌륭해 봉사기관 발행 잡지에도 실린다는 이야기도 들었다. 그러면서 봉사 시간을 너무 짧게 잡았다며 훨씬 많은 시간이 들었다고 해도 될 텐데 하면서 고마워했다. 연말 대구시 자원봉사센터에서 자원봉사자들을 위로하기 위한 만찬을 한다는 초대장을 받고 얼마 후 담당선생님의 확인 전화도 받았다. 하지만 아쉽게도 그 시간이 아이의 기말고사 기간과 겹쳐 참석할 수가 없었다.

대구시 자원봉사센터에 처음 연락해 마지막 만찬초대 전화까지 한 담당선생님은 책임감이 아주 투철한 분이었다. 사무실에 찾아갔을 때 단번에 그런 기관에서 일한다는 느낌을 받을 정도로 봉사가 몸에 밴 사람 같았다. 몇 번의 전화 통화나 메일을 주고받으면서 겸손하고 예의 바르면서도 정확한 정보를 가지고 책임감 있게 일한다는 걸 알 수 있었다. 자원봉사센터 담당선생님은 진정한 봉사가 무엇인지를 몸소 보여주면서 일을 하는 것 같아 대할 때마다 이런 사람들이 점점 많아져서 우리 사회가 살기 좋아지는구나 하는 생각을 들게 하는 그런 사람이었다.

3. 귀국학생캠프에서 만난 친구들

여름방학이 가까워 올 무렵 아이가 교감선생님으로부터 교육청에서 온 공문을 가져왔다. 대구시 교육청에서 2박3일동안 봄 학기에 외국에서 귀국한 학생들을 팔공산 청소년 수련원에 모아놓고 귀국학생 특별캠프를 운영한다는 것이다. 교감선생님께서 반드시 참석해야 한다는 다짐을 하셨다고 한다.

아이는 처음에 내켜하지 않았다. 자신의 학교에선 오로지 자신 혼자인데 모르는 사람들만 모인데다 모여서 지루한 강연만 한다면 어쩌냐며 어떻게 안갈 수 없을까 고민을 했다. 아이가 그렇게 생각하니 그러면 아프다든가 이런저런 사유로 안 가게 해볼까 하는 생각을 잠깐 해보았다. 하지만 달리 생각해보면 아무리 모르는 사이라고 해도 처지가 유사한 아이들을 만나게 되면 각자의 처지 때문에 쉽게 친해질 수도 있고 서로간의 대화도 쉽지 않을까 하는 생각에 아이를 달래어 보냈다.

모이기로 한 장소에 태워 주고 대형 관광버스에 올라타는 아이를 보면서 과연 2박3일을 무사히 보내고 돌아올까 잠시 걱정이 되었다. 아이가 걱정되면 부모가 방문을 할 수도 있고 마지막 발표일에는 학교 선생님이나 학부모도 참여할 수 있었다. 하지만 이왕 아이가 혼자 가기로 한 거 그럴 것까지는 없을 것 같았다. 아이도 가면서 담임선생님께 주말에 쉬셔야 하는데 오실 필요 없다고 하고 나와 남편에게도 오지 말라고 다짐을 하였다. 나는 먼저 담임선생님께 전화를 해서 아이들이 많은 것도 아니고 단지 아이 하나인데 쉬시는 주말에 굳이 오실 필요 없다고 아이가 한 다짐을 다시 한 번 했다. 그리고 남편과 나 역시 이제 아이가 혼자 가기로 한 이상 가지 않기로 했다.

도착하는 날 도착장소로 갔다. 의외로 아이의 표정이 아주 밝았다. 담당선생님은 밝게 웃으며 아주 훌륭한 아드님을 두셨다는 인사까지 하셨다. 아이는 차에서 내리는 몇몇 또래 남자 아이들과 아쉬운 표정으로 작별 인사를 했다.

집으로 돌아와 아이는 귀국학생 캠프는 아주 좋았다고 했다. 가지 않았으면 아쉬웠을 거라고 하며 그 간의 이야기를 해주었다. 출발하면서 교육청 담당선생님이 출석을 확인하고 오지 않은 학생에게는 일일이 연락해서 몇몇 학생은 개인적으로 수련원에 찾아 와야 할 정도로 캠프참가는 의무적인 사항이었다고 한다.

급하게 연락받고 허둥지둥 캠프 장소에 도착한 학생들은 학교 선생님들 뿐 아니라 학생들까지 따끔한 꾸지람을 들어야 했다. 첫날은 교육청에서 마련한 귀국학생들 현황과 체류기간, 체류국가 등의 소개와 각자의 소개, 교육청에서 나온 선생님의 국가관 교육 같은 행사가 있었다.

저녁에는 각자의 장기자랑 순서가 있었는데 그 시간을 통해서 아이들은 서로 많이 친해지게 되었다. 그 후 각자 배정된 방으로 돌아와 잠을 자게 되었다. 아이는 고등학생 1명과 중학생 4명이 함께 한 방에 배정되었다. 고등학생은 미국에서 2년 조기 유학을 다녀온 거였고 중학생 4명 중 3명은 조기유학으로 미국에 짧게는 2년에서 4년을 조기유학을 다녀오고 한 명은 부모님을 따라 이스라엘에 7년을 살다 온 경우였다.

제일 연장자인 고등학생은 성격도 느긋하고 활달한 편에 속했다. 미국에 체류한 기간이 2년에 불과하고 나이가 들어 미국에 가서 그런지 영어를 그다지 잘하는 편은 아니었다. 하지만 중요한 시기에 미국에 체류해 국내 공부를 따라가기가 무척 힘들어 했다. 중학생 중 이스라엘에 7년을 살다온 아이는 이스라엘 국제학교를 다녀 주로 영어를 배웠다고 한다. 성격도 활발하고 호기심도 많아서 말이 무척 많은 아이였다. 다른 중학생 중 한 명은 말이 전혀 없고 소심해서 방 안에 다른 사람 눈치만 볼 정도로 조용한 아이였다.

밤늦도록 고등학생을 중심으로 제가끔 외국에서 살다온 경험과 돌아와서 느끼는 혼란을 이야기하다 보니 밤이 새는 지도 모르고 이야길 하다 새벽에 겨우 잠이 들었다고 한다. 잠이 부족해 아침운동도 대충하고 오전에 하는 전통예절에 관한 강의는 거의 조느라 시간을 보내 버렸다. 오후에는 운동도 하고 박물관도 가는 시간을 가졌다. 끼니마다 반찬도 많고 식사도 아주 좋았다. 저녁에는 학교 선생님과 부모님을 모시고 각자 자기가 살다온 나라의 언어로 자신의 성장배경과 체류국가에 대해서 하고 싶은 이야기를 하는 시간을 가졌다고 한다. 대부분이 미국이나 영국 아니면 다른 나라라도 국제학교를 다녀 영어로 발표를 했는데 두 명 정도가 중국어와 불어로 발표를 했다.

대체로 왜 외국에 가게 되었는지 어떻게 지냈는지 등의 이야기가 주류를 이루었다. 대부분이 조기유학이고 한국에서 공부하자니 영어나 외국어가 늘지 않아 외국에 가게 되었고 외로웠지만 자유로운 생활이 좋았다는 정도의 내용이었다.

다들 비슷비슷한 내용에 사람들이 지루해 질 즈음 아이 차례가 되었다. 아이가 자신이 두 살 반에 미국에 갔다는 이야기에 영어를 알아듣는 친구들이나 선생님, 학부모들이 갑자기 주목하기 시작해서 소란스럽던 분위기가 조용해지며 사람들이 유심히 듣기 시작했다. 아이는 자신이 살았던 곳과 학교생활을 이야기하고 돌아온 이유를 이야기했다. 아이가 외국에서 공부를 하는 것도 자유스러운 생활환경을 만끽하는 것도 중요하지만 그 무엇보다도 '가족'보다 우선하는 가치는 없다고 생각해서 돌아오게 되었다는 말로 발표를 끝내자 조용하던 실내에서 갑자기 박수가 터져 나왔다고 한다. 누구보다도 캠프를 운영하는 선생님과 몇몇 아버지들이 열광적으로 박수를 쳤다고 한다.

　　모든 발표가 끝나고 캠프를 운영하는 선생님의 마지막 인사말에서 아이 발표를 언급하면서 여태까지 캠프를 운영하면서 그때처럼 감동적인 발표를 들어 본 적이 없었다고 극찬을 했다고 한다. 그제야 아이를 데리러 갔을 때 캠프 선생님이 하던 말이 이해가 되었다.

　　그리고 마지막 밤 이제 제법 친해진 방친구들끼리 또 이야기가 시작되어 외국에서의 생활이나 친구들 이야기 앞으로의 이야기를 하느라고 밤을 새고 말았단다. 단 이틀 밤이었지만 그동안의 환경이 제법 비슷했던 지라 급속히 가까워지고 마음 속 깊은 이야기까지 할 수 있었다고 한다.

　　그러면서 아이는 "엄마 학교친구들 하고도 물론 깊이 있는 이야기를 하지. 하지만 살아온 배경이 달라서 그런지 때때로 아이들과 공감을 못할 때가 있는데 거기서 만난 친구들이나 형은 그게 되더라. 너무나 느끼는 게 비슷해서 신기했어요. 전화번호를 주고받고 계속 연락하기로 하긴 했는데 다들 학원이다 과외다 시간들이 바빠서 얼마나 그게 가능하겠어요. 여하튼 2박3일이었지만 너무 재미있었어요."라는 말로 귀국학생 캠프에 다녀온 소감을 마무리 지었다.

나는 우선 교육청에서 귀국한 아이들에게 무료로 이렇게 좋은 프로그램을 운영한다는 사실에 놀랐고 거기서 만난 친구들과 그 짧은 시간에 그렇게 가까워졌다는 사실에 다시 한 번 놀랐다.

　　아이는 대구 학교에 적응을 했다고는 해도 마음 깊은 한구석에는 뭔가 표현할 수 없는 외로움이나 어색함이 남아 있었는데 귀국학생 캠프를 통해서 그런 외로움이나 어색함을 해소할 수 있었나 보았다. 아이가 아무리 적응력이 뛰어나다고 해도 살아온 시간을 한순간에 뛰어 넘을 수는 없었나 보다. 아이가 앞으로 얼마를 더 살아야 그런 어색함을 해소할 수 있는지는 아마도 시간만이 해결할 수 있을 것 같았다.

Ⅴ. 주변관광지

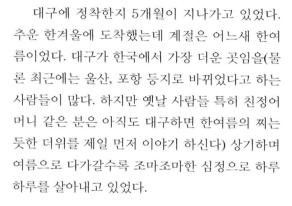

1

갓바위
_돌계단을
오르는
사람들

대구에 정착한지 5개월이 지나가고 있었다. 추운 한겨울에 도착했는데 계절은 어느새 한여름이었다. 대구가 한국에서 가장 더운 곳임을(물론 최근에는 울산, 포항 등지로 바뀌었다고 하는 사람들이 많다. 하지만 옛날 사람들 특히 친정어머니 같은 분은 아직도 대구하면 한여름의 찌는 듯한 더위를 제일 먼저 이야기 하신다) 상기하며 여름으로 다가갈수록 조마조마한 심정으로 하루하루를 살아내고 있었다.

아이의 여름방학도 다가오고 집에서 지내기에는 너무 답답한 한 여름 주말 집에서 편히 쉬었으면 하는 눈치를 보이는 남편을 강권하다시피 하여 갓바위를 가보기로 했다.

대구에 5개월을 살면서도 대구의 명소라는 곳을 찾아볼 기회가 많지 않았다. 아이의 바쁜 학업 때문이기도 하고 갑자기 하게 된 고국에서의 생활이 마치 또 다른 외국에서의 생활처럼 적응하는 시간이 필요해 생활에서 오는 피로감을 이기지 못해 어딘가를 가본다는 엄두를 잘 내지 못한 까닭이기도 했다.

팔공산 갓바위는 주변사람들을 통해 익히 알고 있었다. 남편도 어디선가 아이를 갖기 위해 갓바위에서 치성을 드려서 아이를 낳았다고 하는 사람 이야기를 들었다고 하고 나도 미장원 아주머니를 통해서 몇 번인가 이야기를 들었다. 미장원 아주머니는 쉬는 날이면 밀린 집안일을 서둘러 해치우고는 늙으신 친정어머니를 모시고 갓바위를 오른다고 했다. 힘도 들고 땀도 나지만 힘들게 갓바위에 오르고 나면 온갖 근심 걱정이 사라지고 그곳에서 정성껏 소원을 비는 동안 마음이 순화되어 갓바위를 내려올 때는 발걸음이 가벼워지노라고 했다. 그러면서 내게 마음이 복잡할 때 꼭 가보라고도 했다.

　시외로 가기 위해 우리 집에서 고속도로로 들어서면 제일 먼저 나오는 표지판이 팔공산이었다. 차를 타고 갈 때마다 집에서 저렇게 가까운데 한번은 가보아야지 하고 벼르던 곳이기도 했다.

　고속도로에 들어서 20분쯤 지나자 팔공산이라는 팻말이 나타났다. 그 표시를 따라 도로로 나오니 길은 어느새 한적해지기 시작했다. 조금 지나지 않아서 갓바위, 동화사 등등의 표지판이 나타났다. 갓바위 표시를 보고 가서 주차장에 차를 세웠다. 입구는 그냥 평범한 산길이었다. 특별한 행사나 기도를 드리는 기간이 아니라서 그런지 그다지 복잡하지는 않았다. 석가 탄신일이거나 특별한 제를 올리는 날에는 복잡해서 갈 수 없을 만큼 치성을 드리는 사람들이 많이 찾는 곳이 갓바위라고 했다.

　마침 그날은 전날 비가 많이 와서 땅이 조금 질척거렸다. 또 곧 비가 내리려는지 습기가 많은 날이었다. 처음 얼마간은 잘 몰랐지만 조금 지나 걸을수록 습기가 착착 감겨옴을 느꼈다.

　곧이어 갓바위로 올라가는 돌계단으로 들어섰다. 사람이 없는 편이라고 해도 계단이 좁아서 그런지 복잡했다. 주로 할머니나 아주머니들이 많았다. 다들 보퉁이나 배낭을 하나씩 메고 때로는 눈에 보이게 은박으로 된 맷트를 들고는 걸었다. 간혹은 가족이 전부 같이 올라갈 때도 있는데 초등학생으로 보이는 아이들이나 그 보다도 더 어려보이는 조그만 아이들이 슬리퍼만 신고 그 질척거리고 미끄러운 계단을 장난스럽게 뛰어 올라가는 걸 볼 때면 너무 놀라워 눈이 휘둥그레졌다. 물론 아이들이 자주 오다보니 익숙해서 그럴 수도 있었겠지만 그 미끄러운 길을 슬리퍼만 신고 뛰다시피 걸어가는 건 너무 위험해 보였다.

미국에서 돌아와 제일 적응하기 힘들었던 게 안전의식이었다. 신호등을 건널 때나 목욕탕에서, 산길에서 아이들이 아무런 두려움이나 경계심 없이 마구 뛰거나 사람들 사이를 파고들어 지나다닐 때마다 깜짝깜짝 놀랐다. 신호등 있는 네거리에 서면 이쪽저쪽 경계하며 어른 손을 꼭 잡고 건너고, 수영장에서 조금만 뛰어도 바로 호루라기를 불어대고, 공원 등 사람들이 많은 곳에서는 어른 손을 잡거나 한쪽으로 조용히 걷는 아이들만 보다가 갑자기 예상할 수 없는 곳에서 툭툭 튀어 나오는 아이들이나 그런 아이들을 그저 무심하게 바라보는 부모들이 너무 이상하게 보였다. 시간이 지나면서 어느 정도 적응이 되었지만 그래도 한동안은 조금 복잡한 길이나 네거리에서 마구 뛰는 아이들을 보면 나도 모르게 "위험해, 뛰지마라" 하는 소리를 지르게 되었다.

처음 한 이십분 정도는 그저 걸을 만했다. 습기 때문에 땀이 너무 많이 나는 게 힘들었지만 그다지 힘든지는 몰랐다. 하지만 곧 지루하기만 한, 옆이 꽉 막히고 어디까지 이어지는지 모르는 돌계단을 하염없이 오르기만 하는 일이 조금씩 힘겨워지기 시작했다.

한 사십분쯤 오르자 온몸에서 땀이 물처럼 흐르고 한쪽 귀가 멍멍해지면서 그만 주저앉고만 싶었다. 여기저기 튀거나 척척 붙는 진흙더미에 미끄럽기도 하고 다리가 천근만근이었다. 하지만 주위를 돌아보면 허리가 굽을 대로 다 굽은 할머니는 힘 하나 안들이고 그것도 고무신만 신고 쌩쌩하게 올라가고 가벼운 단화만 신은 아주머니도 친구와 땀을 닦긴 하지만 노닥거리듯 힘든지 모르고 오르는 모습을 보고는 평소에 너무 운동이 부족했나 하는 자책도 들었다.

한 시간쯤 올라가자 더 이상은 못 가겠다 싶어 고개를 드니 계단 옆에 간이매점이 있었다. 얼음에 채운 생수, 아이스크림, 각종 차와 커피, 컵라면, 김밥, 엿을 팔고 있었다. 얼마나 더 올라가야 하냐고 물으며 생수와 엿을 샀다. 다 왔다고 조금만 가면 된다는 말을 위로 삼아 의자에 철퍼덕 앉아서 땀을 닦으며 생수를 마시고 엿을 조금 먹었다. 생수가 그렇게 맛있는지 그리고 엿이 또 그렇게 단지도 그때 처음 알았다. 온 몸을 땀으로 뒤집어쓰고는 조금 쉬다 보니 나만 그런 것이 아니라 몇몇 사람들은 의자에 드러눕기도 하고 어떤 사람은 어지럽다고 하는 사람들도 눈에 띄었다.

남편의 채근에 할 수 없이 무거워진 몸을 일으켜 다시 계단을 오르기 시작했다. 한 번 쉬었던 게 더 힘들게 하는 건지 이번에는 조금 가고 더 이상 갈 수 없을 만큼 숨쉬기가 힘들었다. 아마도 고도가 높아져서 그런 것 같았다. 정말 더 이상은 못 걷겠다 싶을 때 또 옆에 있는 간이매점을 발견했다. 아마도 사람들이 대충 그 정도 지점에서 힘들어 해서 생긴 매점인 것 같았다. 이번에는 커피를 한 잔 사며 얼마나 더 올라야 하냐고 물었다. 이번에도 다 왔다고 바로 몇 계단만 올라가면 된다는 말을 들었지만 이번에는 아무런 위로도 되지 않았다. 너무 힘들어 여기서 돌아갈까 하는 생각도 들었지만 묵묵히 계단을 올라가는 할머니들을 보고 있자니 도저히 포기할 수 없었다.

그렇게 조금 올라가자 위에서 목탁소리와 마이크로 불경 읽는 소리, 향 타는 냄새가 났다. 조금 있다가 불경 읽다가 갑자기 재채기를 해대는 스님의 소리가 들려왔다. 온몸이 땀에 젖고 힘들어 하던 아이가 갑자기 허리를 꺾고 웃기 시작했다. 그 소리를 따라 조금 올라가니 향이나 목탁 등을 파는 가게가 나타나고 곧이어 커다란 바위 위에 부처님 상과 그 밑에서 마이크를 들고 목탁 두드리며 불경 읽는 스님이 나타났다.

갓바위 정상은 무척 좁은 곳이었다. 그제야 올라오면서 사람들이 왜 손에 은박 매트를 들었는지 알게 되었다. 그 조그마한 일 인용 매트는 절을 하기 위한 것이었다. 정상에 올라온 사람들은 사람들 사이를 비집고 들어가 매트를 깔고는 부처님을 향해서 절을 하기 시작했다. 스님의 마이크 불경 소리를 들으며 그 좁은 틈 사이에 빼곡히 엎드려 절을 하는 할머니, 아주머니, 아이들을 보고 있으려니 정말 놀라웠다.

그 높은 돌계단을 오로지 절을 하기 위해서 올라와서는 힘든지도 모르고 절을 하다니 그 소원이 무엇인지는 모르지만 꼭 이루어져야 할 간절한 소원인것 같았다.

우리 식구처럼 절을 하지 않을 사람들은 절하는 사람들을 등지고 바위 위에 세워 논 난간을 붙잡고 경치를 감상했다. 비온 뒤라 습기가 많아서 안개가 끼어 선명하진 않았지만 뿌연 안개 사이로 조그만 차와 집들이 멀리서 장난감처럼 보였다.

　올라올 땐 너무 힘들었지만 발아래로 펼쳐지는 광경은 장관이었다. 비록 안개가 끼여 선명하진 않지만 그 많은 계단을 오로지 이 순간을 위해서 걸어 올라올 만 하다고 느낄 만큼 전망도 불어오는 바람도 시원하고 좋았다. 다만 치성을 드리는 사람들이 많아 전망을 만끽하고 쉴만한 공간이 부족한 게 아쉬웠다. 그리고 그렇게 높은 곳에 올라와서는 자연의 소리도 듣고 싶은데 마이크에서 나오는 끊임없는 불경소리가 조금은 거슬렸다.

　물론 그곳이 전망을 관람하는 사람들을 위한 것이 아니라 치성을 드릴 사람들을 위한 곳이라고는 하나 좀 과하다 싶은 생각이 들었다. 그리고 모든 치성이 한 방향이 아니고 각기 다를 수도 있을 텐데 각자 마음으로 치성을 드리는 것이 더 효과적이지 않을까 하는 의문도 들었다. 하긴 뭐 불경소리가 다 같은 소원을 이루게 하는 진리로 통하는 소리일 수도 있겠지만 말이다.

　그렇게 전망을 바라보고 바람에 땀을 식히다가 밀려드는 할머니와 아주머니들로 더 이상 발 디딜 틈도 없어 내려오기 시작했다. 내려가는 계단에서도 줄을 서서 내려가야 할 만큼 어느새 사람이 많아졌다. 다리가 후들 거리는 데다가 계단이 미끄럽고 사람이 많아 힘들기는 했지만 그래도 올라갈 때보다는 한결 편했다.

그렇게 다 내려오니 그제야 시장기가 몰려왔다. 차를 타고 나가기보다는 주변 식당에서 허기를 해결하는 것이 쉽기도 하고 산 공기도 조금 더 느끼기에 좋을 것 같았다. 관광지 식당이 그러하듯이 여기저기 호객행위가 대단했다. 하도 간곡하게 매달리는 아주머니 때문에 식당으로 따라 들어 갔다. 계곡 쪽에 앉는 자리로 들어가라고 안내하는데 힐끗 들여다보니 점심시간은 지나고 저녁시간이 되기에는 어중간한 시간인데도 여기저기 술상을 벌인 사람들이 많아 시끄럽고 소란스러웠다.

갓바위 위에서 또 내려오는 중에도 도무지 대화를 하거나 조용히 생각할 겨를이 없을 만큼 시끄러웠던 터라 조용한 곳에 앉고 싶어 안쪽으로 들어가지 않고 식당 입구 쪽 탁자에 앉았다. 호객을 하던, 간이라도 다 빼줄 것 같던 아주머니는 우리를 자리로 안내하더니 다시 호객을 하러 나가고 손님에게 주문을 받으려 한 아주머니가 오더니 짜증스럽게 빨리 주문하라고 재촉을 하더니 곧 주방으로 사라졌다. 메뉴를 보니 여느 관광지나 대동소이한 그런 메뉴였다. 술안주용 도토리묵이나 빈대떡, 감자전, 골뱅이 무침, 토종닭, 오리구이, 산채비빔밥에 설렁탕까지 음식백화점으로 없는 음식이 없을 정도였다.

그래도 이왕 자리 잡은 데다가 이제 제법 배가 고플 정도로 허기가 느껴지니 산채 비빔밥이나 먹을까 하고 주문받는 아주머니를 불러도 소리를 치며 "곧 가요" 하면서도 아는 체를 안 하고 식당 안쪽 술손님들 시중하기에 바빴다. 처음에는 손님은 많고 일할 사람은 없으니 그렇기도 하겠지 하고 물을 마시며 서로 힘들다는 등의 이야기를 하다가 시간이 아무리 지나도 쳐다도 보지 않는 식당사람들에게 은근히 화가 나기 시작했다. 손님을 식당으로 불러들일 때는 마치 간이라도 빼줄 듯이 친절하게 굴고 술이나 마시고 매상이나 많이 올려 줄 것인지 살펴보다가 그게 아니다 싶으니까 없는 사람 취급하는 식당의 처사가 무척 못마땅하고 게다가 과연 이런 음식백화점에서 제대로 된 음식을 먹을 수 있을지도 의심스러워 그냥 일어서서 식당을 나섰다.

그냥 가겠다고 나서자 그때서야 주문을 받는 아주머니나 카운터에서 폼을 잡던 주인이나 간이라도 빼줄 듯 사람을 잡아끌던 아주머니가 다시 우리 식구 소매를 붙들었지만 이미 마음이 상한 뒤였다. 남편은 그냥 가자고 그러는 걸 나는 호객하던 아주머니에게 "아주머니 손님을 그렇게 불러들였으면 끝까지 책임을 지셔야죠. 불러들이기만 하고 식당에 앉으면 동네 개가 왔는지 누가 왔는지 참견도 안하는 그런 서비스를 할 거면서 온갖 감언이설로 손님은 왜 끌고 오세요. 이미 기분이 상해서 가지만 다른 손님한테는 그러시면 안돼요. 아주머니 시간만큼 손님들 시간도 중요해요."라고 하자 그 아주머니는 식당 안에 있던 아주머니를 타박하고 주인을 흘기면서 다시 들어가라고 잡아끄는 걸 그냥 나왔다.

높은 바위를 올라가느라 지치고 치성을 드리는 사람들에게 치이긴 했어도 신선한 바람과 경치 때문에 조금 기분이 좋아졌던 산행이 얄팍한 상행위에 그만 기분이 잡쳐 돌아오는 내내 기분이 좋지 않았다.

너무 허기가 져서 동네 순두부집에서 순두부로 끼니를 해결하고 집으로 돌아왔다. 돌아오면서 치성이란 것이 그렇게 요란스럽게 드려야만 되는 것인가 하는 생각도 들고 그렇게 많은 사람들이 원하는 치성이라면 좀 더 차분한 분위기에서 치성의 본연의 뜻에 맞게 드릴 수 있는 방법은 없는 것인지 답답했다. 관광지라는 것이 다 그렇겠지만 한 번 오고 언제 또 올지 모르는 사람들이라고 무작정 사람만 끌어들이고 들어온 손님에 대해서는 제대로 배려도 하지 않는 얄팍한 계산만 하는 상인들의 장사 태도도 답답했다.

치성을 드리는 곳이라면 엄숙하게 느껴지는 정적과 사람의 마음을 편하게 해주는 곳일 거라는 막연한 기대를 저버리고 오로지 시장한복판에서 경쟁하며 싼 물건을 사듯 치성을 드리고 음식을 파는 곳이라는 사실을 확인한 것 같아 왠지 씁쓸했다.

그 후 갓바위라는 표시나 팻말을 보면 내가 갔던 날이 마침 사람이 많이 오는 주말이었기에 그랬겠지, 평소에는 그렇지 않을 것이고 내가 유난히 운이 나빴겠지 하는 생각으로 마음을 달랬다.

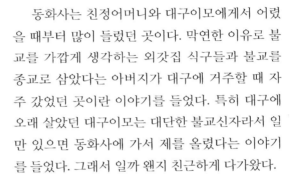

2

동화사
_기와에
소원을
비는 사람들

동화사는 친정어머니와 대구이모에게서 어렸을 때부터 많이 들렸던 곳이다. 막연한 이유로 불교를 가깝게 생각하는 외갓집 식구들과 불교를 종교로 삼았다는 아버지가 대구에 거주할 때 자주 갔었던 곳이란 이야기를 들었다. 특히 대구에 오래 살았던 대구이모는 대단한 불교신자라서 일만 있으면 동화사에 가서 제를 올렸다는 이야기를 들었다. 그래서 일까 왠지 친근하게 다가왔다.

별일 없이 집에서 지내던 주말 아침을 먹고 그냥 바람이나 쐴까 하다가 길을 들다보니 팔공산, 동화사 쪽 길이라 예정에 없이 그냥 한 번 방문해 보기로 했다. 마침 가을이 깊어 가던 때라 팔공산 주변은 어디든 단풍으로 화려했다. 주변을 몇 번 지나치면서 그때마다 외갓집 식구 이야기, 대구이모 이야기를 했었는데 직접 방문하는 건 그날이 처음이었다.

절 입구도 널찍하고 그날이 아무런 행사도 없는 날인지 주차장도 한산했다. 주차하고 절에 들어서니 절이 넓어 그런지 사람도 별로 눈에 띄지 않고 조용해서 왠지 마음이 차분해졌다.

조금 들어가다 보니 기와가 많이 쌓여 있고 그 옆에 조그만 창구에 사람이 앉아 있으면서 돈을 받는 모습이 보였다. 창구에 돈을 낸 사람들은 기와를 받아 들고는 한쪽으로 가서 붓으로 소원을 적고 이름을 쓴 다음 그 옆에 쌓아 두는 것이었다. 어릴 적에도 어머니를 따라 몇 번 절을 가본 적은 있으나 기와에 소원을 적는 걸 본 적은 없었다. 사월 초파일이 다가오면 어머니는 스님에게 얼마간 시주를 하고는 연등을 단다고 하는 이야기를 들어 보기는 했다. 하지만 시주하고 기와에 소원을 적는 것을 본 적은 처음이었다. 나중에 그것이 기와불사라는 것을 알게 되었다.

하긴 특별한 방법으로 소원을 비는 일은 어느 나라에나 있다. 영화 로마의 휴일 때문에 분수가 있는 곳에 동전을 던지면 소원이 이루어진다고 해서 분수는 동전이 넘쳐나고 그걸 정리하느라 분수관리인들이 힘들다는 보도를 본 적이 있다. 남산이나 높은 전망대에 올라가 이름을 적고 자물쇠를 채워 놓으면 사랑이 영원하다든지 여러 가지 방법을 익히 알고 있었다. 심지어 미국 백화점가에서도 장식으로 만들어 논 분수에는 수많은 동전이 떨어져 있고 아이도 어렸을 때는 그 곳만 지나가면 동전을 달라고 해서 1센트를 던져 넣고는 했었다.

산에 가면 흔히 볼 수 있는 돌탑도 소원을 비는 방법에 하나일 것이다. 자랄 때 친정어머니는 무슨 일이든 중요한 일이 있으면 부엌에 찬물 한 그릇 올려놓고 혼자 절을 하고는 해서 왜 그러시냐고 물어 보면 친정어머님의 소원을 들어줄 신(물론 그 대상이 부처일 수도 있고 정확히는 모르지만 어머니에게는 절대자인)에게 소원을 빈다고 하셨다. 그 이야기를 듣고 소원을 비는 방법이 참 여러 가지이다 싶었다. 그렇게 종교가 불교이든 아니든 기와에 소원을 빌면서 그 소원을 비는 동안 간절하게 원한다면 소원이 이루어질지도 모르겠다는 생각이 들었다. 그래서 소원을 비는 동안 사람들이 편안해지고 더불어 절에 기와를 새로 얹게 된다면 그것도 참 좋은 생각이다 싶었다. 하지만 한 쪽에 수북이 쌓여 있는 기와를 보면서 사람들이 참 원하는 것이 많아서 부처님이 저 많은 소원을 다 들어 주시자면 힘들겠다 하는 생각도 잠깐 들었다.

　절을 뒤로 하고 깊이 들어 갈수록 적막하고 산에 둘러 싸여 고즈넉하니 마음을 차분하게 해주었다. 그러다 조금 가니 간이매점 같은 기념품점이 보였다. 몇몇 사람이 한눈에도 조악해 보이는 핸드폰걸이 같은 기념품을 만지작거리며 신중하게 이야기 하는 게 보였다. 옆으로 다가가 들어보니 아마도 중국 관광객인 것 같았다. 신중하게 이야기 하는 걸 보니 값이 싸네 비싸네 하며 살 것인가 말 것인가를 의논하는 것 같았다.

　차림새로 보아 그다지 유복한 관광객인것 같지는 않았다. 하나에 오천 원 하는 부처님이나 목탁 모양의 핸드폰걸이는 대구 시내 시장에 가면 천 원 정도였다. 그 밖에 부채나 염주 등도 그다지 품질이 좋아 보이지는 않았 다. 물론 거기서 기념품을 사는 것조차 절에 시주를 하는 것이고 어쨌든 절 에 시주를 한다면 시주를 하는 사람 마음도 편해지겠다는 생각도 들지만 관광객에게 그런 기념품을 비싸게 파는 것이 장기적으로 절에서 의도한 효과를 거둘지는 의심스러웠다.

　어쨌든 동화사까지 찾아오는 중국관광객이 있다는 게 신기했다. 우리 나라 사람들이 동남아로 쉽게 관광가듯 동남아사람들도 우리나라를 많이 찾는다는 것을 뉴스로만 보다가 직접 관광객을 만나니 정말 교류가 많구 나 하고 새삼스러웠다.

　오후 한 시간 반 정도를 느릿느릿 평화롭게 절 주변을 걸었다. 유난히 화려한 팔공산 단풍은 사람이 없어 고즈넉한 절간을 더 절간답게 해주었 다. 오랜만에 느긋한 가을날을 보내고 동화사를 뒤로했다.

　그래서일까 그 뒤로도 동화사 팻말이나 동화사라는 이름을 들으면 기 와불사를 하던 사람들과 고즈넉한 절간이 떠올라 나도 모르게 마음이 편안 해졌다. 동화사를 조금 벗어나자 배가 고파왔다. 늦은 아침을 먹어 그다지 배가 고플 시간은 아니지만 천천히 둘러 봤다고 해도 한 시간 반을 걸었던 게 이유였던 것 같았다. 갓바위 주변 식당에서의 경험도 있어 그냥 집주변 식당으로 가자고 차를 돌리는데 남편이 어디선가 들었다고 동화사 앞 아주 유명한 청국장식당이 있다고 했다. 그래도 정확히 몰라 지나치려는데 남편이 저 집인 것 같다고 해서 보니 차가 많이 주차되어 있는 식당이었다.

청국장을 전문으로 하는 식당으로 주말 점심시간이 지난 시간이지만 느긋하게 점심을 먹는 사람들 때문에 식당에 사람이 많았다. 돌아갈까 하는데 너무나 구수한 청국장 냄새와 군데군데 빈자리도 보이고 보자마자 눈을 맞추며 편한 데 앉으시라는 젊은 청년의 이야기에 방 한쪽에 자리를 잡았다.

특별히 술을 마시거나 특별한 요리를 시키지 않는 한 앉는 사람 수 대로 청국장을 먹는 그런 식당이었다. 앉자마자 날렵하게 물을 따라 주며 젊은 청년이 "오늘 직원이 하나 쉬어서 음식이 조금 늦게 나옵니더. 괜찮겠습니꺼?" 하고 물어왔다. 뭐 그다지 심하게 배가 고픈 것도 아니고 메뉴가 청국장 하나인거 보면 신뢰도 가고 해서 괜찮다고 하고 식당을 둘러보았다.

밥을 먹고 있는 사람들 밥상을 보니 청국장에 사람 수 대로 조기도 놓여 있고 한상 그득히 놓여있는 반찬들이 손이 많이 가는 것이어서 제법 잘하는 집 같다는 믿음이 갔다.

우리가 앉은 방에는 테이블이 10개쯤 있었고 테이블 앞에 바로 개방된 주방과 카운터가 있어 일하는 사람들이 다 보였다. 우리가 앉은 방 옆에 또 손님 받는 방이 있고 주차장 옆에 야외 테이블이 있는 걸 보면 규모가 제법 큰 식당이었다. 음식을 다 먹은 사람들이 음식 값을 치르며 대부분 그 식당에서 직접 담았다는 청국장을 오천 원, 만 원에 사들고 가는 것을 보면 맛있는 청국장인 것 같았다.

옆 방 손님들은 대체로 미리 예약한 단체손님들 같았다. 주인하고 잘 아는지 주인이며 주방 사람들이 바쁘게 움직이느라 정신없어 하니까 손님 중 한 사람이 직접 나와서 "소주 2병 가지고 들어간데이. 적어 노래이." 하며 냉장고에서 소주를 꺼내가고 주방 카운터 앞에 놓인 반찬 접시들도 함께 들고 갔다.

우리 옆 테이블은 갓난아기까지 일가족 여섯 명이 자리를 잡고 앉아 있었다. 그런데 분위기가 심상치 않아 보였다. 좁은 방에 손님을 많이 받으려고 테이블을 가깝게 붙여 놓으니 옆 테이블이라도 조그만 소리도 거의 다 들렸다. 식당에서 남의 이야기를 듣거나 큰소리를 내는 걸 싫어하는 남편은 나에게 모르는 척 하라는 눈짓을 하고는 아이와 당시 프리시즌 미국 프로농구선수에 대해서 이야기 하고 있었지만 아무리 안 들으려고 해도 옆

테이블의 소리는 너무 잘 들렸다. 더구나 할아버지 목소리가 너무 컸다.

할아버지와 할머니 그리고 결혼한 아들내외와 손자, 결혼 안 한 딸을 데리고 점심을 먹으러 온 모양이었다. 아마도 주인장의 양해가 있었지만 예상 외로 그 테이블의 음식이 늦게 나오는 모양이었다. 할머니는 할아버지 눈치를 보며 어쩔 줄 몰라 하는 모습이 역력했고 아들 부부는 지루해서 몸부림치는 막 움직이기 시작한 아기의 칭얼거림을 달래지 못해 절절 매고 있었고 눈치 없는 딸내미는 "누가 이 식당에 오자 했노" 하면서 화난 할아버지에게 기름을 붓고 있었다. 붉으락푸르락 할아버지는 아무 말도 못하고 폭발 직전이고 할머니는 눈치를 보며 눈으로 딸내미를 타박하는 듯하면서 손자를 어르는 시늉을 하고 지루하고 지쳐 보이는 며느리는 갓난아기에게 우유병을 물리며 시선을 돌리고 있었다.

급기야 참지 못한 아들이 큰소리로 젊은 청년을 불렀고 정신없이 테이블에 왔던 청년은 일 할 사람이 없어 정신이 없어 그런 모양인데 아마도 무슨 착오가 생겨 그 테이블의 주문이 안 들어간 것 같다며 최대한 빨리 음식을 가져 오겠다고 돌아서려고 했다. 그때 갑자기 큰소리가 들려왔다. 얼굴이 노기로 빨개진 할아버지였다.

"니가 이 식당에 오자고 했제. 주문도 니가 했제. 그런데 와 이래 됐노? 지금 몇시고? 몇 시간을 기다린기고? 와 하는 짓마다 이라노. 국으로 집에서 밥이나 먹으마 됐제 뭐한다꼬 아까지 사람 많은데 델꼬 나와 이래 고생을 시키노?" 하면서 노기등등한 목소리로 고함을 치고 있었다.

할머니는 다 기어들어가는 목소리로 "오랜만에 바람 쐰 김에 청국장이 하도 유별라다꼬 말을 들어서……당신도 처음에는 좋다고..." 그때 더 큰 목소리로 "치아라 빨리 가자. 식구들 다 굶겨 죽일기가?" 하자 젊은 청년이 놀라서 자신들 불찰이라며 조금만 기다리면 곧 가져다 드리겠다고 몇 번인가 사정을 했지만 이미 할아버지는 일어서서 나가고 할머니는 얼굴도 들지 못하고 아기 용품을 챙기고 그런 일이 비일비재한 듯 지루한 표정의 아들내외와 딸도 엉거주춤 나가기 시작했다.

식당 안은 한동안 할아버지의 목소리로 찬물을 끼얹은 듯이 조용하다가 일가족이 나가자 다시 여기저기 수근거리는 소리가 들려왔다. 그 소동이 있는 동안 아이는 우스운 걸 참느라고 얼굴이 벌게져서는 고개를 푹 숙이고 있었다. 일가가 나가고 나자 아이는 살았다는 듯이 벌게진 얼굴을 들고 웃기 시작했다. 곧이어 우리 식탁에 음식이 나오고 음식을 날라주던 젊은 청년은 어색한 듯이 "직원이 하나 쉬니 손발이 안 맞아가 실수를 한긴데 잠시만 기다려 주시마 될 텐데 여태도 기다리시고 잠시도 못 참으시니……" 하고는 말끝을 흐렸다. 나는 웃으며 "할아버지가 좀 무서우신가봐요. 할머니가 어쩔 줄 몰라 하시던데." 그러자 젊은 청년은 "옛날 어른들 다 그러시지예."하면서 웃었다.

청국장도 맛깔스럽고 조기며 밑반찬 하나하나가 맛있었다. 아이가 반찬을 너무 잘 먹어서 바빠 보이는 청년 대신 내가 일어나 주방에 부탁해 반찬을 가져왔다. 청년은 너무 미안해하며 연신 고맙다고 고개를 숙였다. 젊은 청년이 손님도 많고 이런저런 요구가 많은 사람도 많은데 어떻게 저 정도로 친절할까 의문이 생겼지만 그 의문은 곧 풀렸다. 청국장 담느라 정신이 없었던 늙수그레한 주인이 주방에서 나타나고 그 주인을 보고 카운터를 넘겨주는 젊은 청년이 "아버지"라고 하는 걸 보고서 고개가 끄덕여졌다.

청국장은 맛이 좋았다. 적당한 운동과 고즈넉한 절 분위기에 구수한 청국장이 팔공산과 동화사와 버무려져서 더 그런 것 같았다. 카운터에 계산을 하고 나오며 나도 다른 손님들처럼 오천 원짜리 청국장 한 통을 구입했다. 차를 타기 전 자동판매기에서 커피 한 잔을 뽑아서 야외 테이블에 앉아서 마셨다.

가을이 많이 깊어 있었다.
갑자기 미국의 몇몇 도시의 가을이 그리워졌다. 그곳에서는 이곳의 가을이 그렇게 그리웠건만 항상 두고 온 것은 그리운 법인가 보다.

돌아오는 길 가로수가 어느새 옷을 전부 갈아입고 있었다.

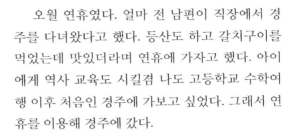

3

경주
불국사
_ 관광지
상인들

　오월 연휴였다. 얼마 전 남편이 직장에서 경주를 다녀왔다고 했다. 등산도 하고 갈치구이를 먹었는데 맛있더라며 연휴에 가자고 했다. 아이에게 역사 교육도 시킬겸 나도 고등학교 수학여행 이후 처음인 경주에 가보고 싶었다. 그래서 연휴를 이용해 경주에 갔다.

　그때만 해도 도로 사정을 잘 몰라서 연휴에는 그렇게 길이 막히는지 몰랐다. 그냥 일단 길을 경주로 해서 들어섰다가 이곳저곳 교통체증이 심해서 점심을 먹고 가기로 해서 남편이 맛있었다는 갈치구이 집으로 향했다. 제법 알려진 집인지 주변에 음식점이 많았는데 유난히 그 갈치구이 집에 차가 많이 들어갔다. 차를 세우고 자리를 잡자 종업원이 가져온 메뉴를 보았다. 갈치구이 값을 보고 깜짝 놀랐다. 관광지라는 점을 감안한다 해도 값이 너무 비쌌다. 남편의 눈짓에 갈치구이 3인분을 시켰다. 종업원이 가고 나서야 남편이 단체로 가서 음식 값을 몰랐다는 걸 감안 안한 내 탓이 더 크다는 걸 알았다. 당시만 해도 겨우 대구 생활에 적응해서 이것저것 새로 장만하느라 돈 쓸 일이 많다보니 모든 가격에 민감해 있던 나로서는 시장의 갈치가격과 비교하면 음식점의 여타비용을 감안해도 너무 비싼 것 같았다.

다행이 손님이 많은 데도 불구하고 음식이 빨리 나왔다. 3인분이 갈치 세 토막, 나물과 두어 가지 밑반찬, 배추, 상추 등의 쌈 재료와 된장찌개가 전부였다. 관광지이고 워낙 알려진 집인 점을 감안해도 너무 했다 싶을 정도로 가격에 비해서 상이 초라했고 갈치 맛도 별로였다. 그저 쌈이나 싸먹어야겠다 싶어서 쌈을 더 달라고 하니 마지못해 배춧잎 두 장, 상추 두 장을 가져다주는 게 전부였다.

억울한 심정을 가까스로 누르고 된장찌개에 밥을 조금 비벼먹고 일어섰다. 차를 타고 다시 도로로 나서니 길이 꽉 막혀서 도저히 갈 수가 없었다. 한쪽으로 빠져나와 공원이란 팻말(무슨 공원이었는지 기억이 나지 않는다)을 보고 차를 세우고 조금 걷다가 교통이 조금 원활해지면 가기로 했다. 공원 안으로 들어가니 새로 개장한 놀이시설이 보였다. 여기저기서 흙먼지가 일고 대단했다. 오토바이는 아니고 바퀴가 네 개 달린 오토바이 비슷한(나중에 사륜오토바이라고 하는 것 같은데 정확히는 모르겠다) 차를 타고 쌩쌩 달리는 사람들이 보였다. 아이를 태우고 부모가 같이 탔는데 옆으로 지나가니 먼지가 대단했다. 잠깐 천년의 고도 경주 공원에 오토바이인지 뭔지 모를 이런 놀이기구가 거리를 활보하다니 하는 생각이 들자 웃음이 났다.

되도록 놀이시설이 없는 곳을 조금 돌면서 역사적인 유적지를 보러 왔다가 이런 첨단 놀이시설이나 보는 시간이 아까워 다시 차로 갔다. 다행히 그동안 교통이 조금 원활해졌다. 표지판에 불국사라고 나오고 그 길에 차가 제일 없어서 그 길로 들어섰다. 다행히 표지판을 따라 오니 쉽게 찾을 수 있고 차도 별로 없었다. 주차장이 불국사에서 꽤 멀리 떨어져서 널찍하고 좋았다.

차를 세우고 불국사라는 팻말을 보고 걷기 시작했다. 거기까지는 전혀 기억나지 않는 길이었다. 고등학교 수학여행을 와서 하룻밤인가 이틀 밤을 굉장히 큰 여관에서 묵었던 기억이 나는데 그 길에서는 그때의 기억이 전혀 떠오르지 않았다.

언덕을 올라가자 주변에 상가들이 가득차고 여기저기 난전들도 보였다. 다행히 그날은 사람이 많지 않은 편이라 그런지 호객하는 상인들도 없고 조용했다. 굉장히 커다란 강냉이 봉지를 파는 아저씨만 눈을 맞추며 "고소하다"라는 말로 손님을 끄는 정도였다. 조금 올라가면서 어렴풋이 기억이 났다. 여기저기 보이는 대형 식당들, 대형 숙박시설들이 그런 단체관광객을 상대해서 지어진 것 같은데 그동안 변하기는 했지만 그래도 그 어디 즈음에서 묵었던 것 같다.

절에 가까워가자 갑자기 굵은 남자 목소리와 은은한 불경소리가 어우러진 방송이 들려왔다. 명상 카세트테이프인지 CD인지를 파는 가게 같았다. 소리가 너무 커서 동네 전체가 들을 수 있을 것 같았다. 굵은 남자의 저음으로 "마음 가다듬고 숨을 크게 내쉬어 보세요……" 등의 소리가 들렸는데 그 소리를 듣고 과연 그 소리가 이르는 대로 할 수 있을까 싶을 만큼 소리가 컸다. 명상은 자신의 마음으로 해야 하는데 누군가 이렇게 지시를 해 줘야만 한다니 하는 생각에 약간 언짢아졌다. 고요한 절 앞에서 큰 소리로 울려 퍼지는 명상의 소리는 과연 누굴 위한 것인가 하는 의문이 들었다.

경내로 들어서니 이곳저곳에서 사람들이 보였다. 기억 속에 불국사는 엄청나게 큰 절이었던 것 같은데 이렇게 작았나 하고 내 눈이 의심스러웠다. 내가 부재했던 십여 년간 무슨 조화가 있었던 것인지 갑자기 모든 곳이 협소해 보였다. 사람이 많아서 그랬던 것일까?

그때 남편이 그랬다. 미국에서 십삼 년이나 살았잖느냐고. 워낙 땅덩어리가 큰 곳에서 살다 왔으니 그렇게 보이는 거라며 조금 지나 익숙해지면 지금 이런 기분이 오히려 이상하게 생각될 거라고도 했다. 그제서야 하긴 돌아온 지 이제 세 달도 안 지났구나 하는 생각이 들었다.

게다가 건물에 딸린 돌계단이 무척 높았다. 하긴 그 옛날에 짊어지고 날라야 했을 돌 무게를 생각하면 이해가 가지만 그 많은 관광객이 드나드는 절의 돌계단이 난간 하나 없이 너무 높아 위험해 보였다. 물론 문화재이니 건드리면 안 되는 건물이지만 아이들이나 노인네들이 누군가의 보살핌 없이 걷기에는 너무 위험해 보였다.

아이에게 대웅전과 탑 주변을 돌며 거기 쓰여 있는 설명을 읽도록 했다. 이제 조금 역사를 배우고 알기 시작하는 아이에게 남편은 설명해줄 것이 너무 많아 보였다. 지나가는 곳마다 팻말을 읽고 옛날 기억을 더듬어 아이에게 역사를 일러 주느라 여념이 없었다.

사람들이 많은 그런 곳보다 조금 조용한 곳을 구경하고 싶었다. 그래서 절 주변을 돌다가 아주 조용한 곳을 발견했다. 물론 출입금지구역인 스님들 공간이 아니라 그저 별 건물이 없어 그런지 왠지 한적하고 조용한 곳이었다.

그제서야 마음이 편안해지며 나무 재질이나 채색이 눈에 들어왔다. 여기저기 칠이 벗겨지긴 했지만 든든한 기둥이나 창살 하나하나 건물에 짜임이 단단하고 장식품의 끝처리 하나하나가 정성이 가득해 보였다.

고등학교 수학여행 때는 그저 빨리 둘러보고 단체사진이나 찍고 어서 자유시간이 돼서 친구들과 자유롭게 놀 생각하느라 그랬는지 기억이 하나도 나지 않았다. 그저 굉장히 큰 절이었다는 기억과 빛바랜 단체사진 속 건

물이 불국사에 대한 기억 전부였다.

아이를 데리고 불국사를 다시 오다니 세월이 참 빠르다는 생각이 들었다. 고등학교 수학여행 때는 내가 나이 들어 아이를 데리고 불국사를 오리라고는 생각도 못했는데 마치 영화 속 한 장면처럼 30여 년 전의 친구들과 수학여행 왔던 때의 나의 모습을 한 번 볼 수 있다면 얼마나 좋을까 하는 생각이 문득 들었다.

고등학교 수학여행 후 삼십 년이 지나 다시 찾은 내게 불국사는 미국에서 산 십삼 년의 세월 때문에 제 모습으로 인식되지 않았지만 아마도 조금 세월이 지나 다시 찾는다면 제 모습으로 보이겠지 하는 생각을 하며 주차장으로 발길을 돌렸다.

4

포항 해맞이 공원
_ 공원의 밴드

오랜만에 시간이 났다. 남편도 아이도 별일 없는 주말이었다. 아이가 친구들에게 매해 일월 일일에 사람들이 해 뜨는 걸 보러 가는 공원이 포항에 있다는 이야기를 들었다고 했다. 마침 나도 신문 블러그 이곳저곳을 기웃거리다 포항시내에 아주 싼값에 맛있는 해산물을 마음대로 먹을 수 있는 뷔페가 있다는 기사를 읽은 기억이 났다.

그래서 인터넷에서 포항 해맞이 공원 가는 길과 뷔페식당을 확인하고는 가기로 했다. 대구에 정착한지 어느덧 네 달이 되어 가고 있었다. 정신 없이 사는 동안 어느덧 여름이 다가오고 있었다.

대구에 돌아와 동네시장 채소가게 할머니 덕에 온갖 신선한 채소를 먹을 수 있었다. 미국에서 접하던 냉동나물이나 미국에서 자라 본래의 의미가 약간은 변질된 그런 나물이 아니라 우리 밭에서 자란 고유의 나물을 갖가지 요리법으로 요리를 해먹는 맛에 흠뻑 빠져있었다. 하지만 간간이 미국에서 먹었던 싸구려 뷔페식당의 자유로움을 완전히 잊은 건 아니었다.

미국에서 우리가 간혹 갔던 뷔페식당은 서민들을 위한 저렴한 식당이었다. 미국의 일반인들이 가정에서 가장 자주 해먹는 모든 메뉴들이 거의 다 있는 식당이었다. 그러니 무척 기름지고 칼로리가 높은 건 당연한 것이었다.

1950년대 미국 대중소설을 읽어 보면 음식에 관한 주메뉴로 베이컨, 버터, 옥수수, 감자, 닭튀김, 스테이크가 자주 등장한다. 특히 농장에서 육체적으로 힘든 일은 하는 사람들은 거의 매일 닭튀김에 감자튀김이나 버터를 듬뿍 넣은 메시포테이토를 먹고 후식으로 아이스크림을 먹었다는 이야기가 나온다. 그래서 중년이 되면 대체로 몸이 비대해지면서 심장병과 당뇨병을 지병으로 갖게 된다는 묘사도 나온다.

요즈음은 국가적인 정보제공과 홍보로 식재료나 조리법도 많이 변화되어 과거와 같은 정도는 아니지만 그래도 아직 육류와 기름진 음식, 단 디저트 음식 등을 좋아하는 그네들은 우리나라 사람들보다는 비만이나 성인병으로 고생하는 인구가 훨씬 많은 것이 음식 때문이다.

그럼에도 불구하고 나이든 사람들은 과거에 대한 향수로, 혼자 사는 사람들은 영양 보충하러, 여러 사람이 모이는 날은 편리하게 끼니를 해결하러 들르는 곳이 대중식당인 뷔페식당이었다. 우리 식구는 그네들의 음식이 궁금하고 더구나 식당분위기 자체가 자유로워 편하게 돌아다니며 음식을 들고 다니고 이야기하기도 좋은 분위기라 어쩌다 한 번씩은 가게 되었다. 물론 그날 저녁이면 된장찌개를 되직하게 끓여 김치를 듬뿍 얹어서 밥을 먹어야 소화가 되기는 했지만.

그래서 그런지 한 번씩은 그 자유로움이, 그 편안함이, 그 푸짐함이, 그 목까지 차오르는 느끼함이 그리웠다. 하지만 포항의 뷔페식당은 뷔페식당 특유의 자유로움은 있었지만 그다지 편안하지도 푸짐하지도 느끼하지도 않았다. 해산물뷔페식당을 저렴하게 운영하려다보니 어정쩡한 가격에 그다지 고급스럽지도 푸짐하지도 않은 신선하지 않은 해산물이 있는 그저 그런 뷔페식당이 되고 말았다. 어쨌거나 뷔페식당이 주는 자유로움 하나를 위로로 삼고 해맞이 공원으로 향했다.

가는 길은 시내를 벗어나자 좁은 도로가 이어졌다. 평소에는 괜찮지만 행사가 있는 날이나 해맞이 한다고 사람이 몰릴 때는 도로가 주차장으로 변하고 말 것은 불을 보듯 뻔해보였다. 그렇게 좁은 도로를 한참 달리자 공원에 도착했다. 새로 조성한 공원이라 그런지 깨끗하고 주차장도 잘 정비되어 있었다. 차를 주차장에 주차하고 공원에 들어서니 사람이 별로 많지 않았다. 공원 끝에 손바닥 모형의 조각이 나오고 그 뒤로 탁 트인 바다가 보였다. 바다로 가기까지의 공원은 넓고 반듯하고 깨끗했다.

손바닥형의 조각을 보자 워싱턴 주변 모래사장에서 본 손바닥 조각상이 생각났다. 아이가 어릴 때 여름 주말에 워싱턴에 유학 와 있던 친구를 방문했었다. 친구와 같이 갔던 강가 어디였는데 정확한 장소는 기억나지 않는다. 강가인가 바닷가 모래사장에 사람이 다 파묻히고 얼굴 약간과 손바닥 일부가 나온 것 같은 조각상이었는데 기억이 가물가물하다. 조각상의 그는 고통스러운 얼굴이었는데 우리는 그때 그 조각을 보고 오랜만에 만난 친구와 깔깔거리며 웃고 그 앞에서 사진을 찍던 생각이 문득 났다.

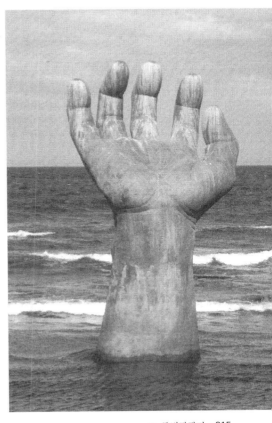

바닷가를 따라 걸으니 등대 모

형도 있고 이육사의 시비도 있고 주변 경관도 차분하고 바다와 무척 잘 어울리는 공원이었다. 주변을 돌아보고 다시 공원 중심 쪽으로 돌아오니 한쪽이 웅성웅성했다.

드럼과 기타, 건반 등 두세 가지 악기를 연주하며 마이크 들고 크게 노래를 부르는 악단과 그 앞에서 그 음악에 맞추어 한 잔하신 아저씨와 아주머니가 춤을 추고 있었다. 사랑음악회라는 공연이었는데 공연이라는 이름이 무색할 정도로 몇몇 웅성거리고 모였던 사람들이 이내 흩어져 갔다. 멀리서도 쿵짝 거리는 음악소리와 간드러진 여자 목소리가 공원에 울려 퍼지는 데도 사람들은 그 앞에 모여들 생각은 하지 않고 각자 공원 주변을 돌아다니며 사진 찍고 담소를 나누기에 여념이 없었다. 어쩌다 신나는 음악을 연주하면 갑자기 술 취한 한두 사람이 나타나 춤을 추다가는 곧이어 음악이 끝나면 사라지고 그래도 관객 하나 없이 의연하게 공연을 하는 악단이 오히려 신기할 정도였다.

그런 공연을 한 경험이 많은 것 같았다. 왠지 멀리서 악단을 바라보는 것이 서글퍼졌다. 아무도 들어주지 않는 음악을 그것도 흥에 겨워 연주하고 부른다는 것이 얼마나 쓸쓸한 일일까? 워낙 사람이 많지 않았던 공원이었지만 그 사람들조차 귀를 기울이거나 관심을 보이지 않는 상황에서 계속 연주를 한다는 게 쉬운 일이 아닐 것이다.

무슨 이유로 거기서 그런 공연을 하게 된 것인지 자세한 이유는 알 수 없으나 공연을 중간에 접고 갈 수는 없는 사연이 있는 것 같았다. 그 악단을 보며 사는 일도 그런 게 아닐까 싶은 생각이 들었다. 언제나 많은 사람의 응원과 환호를 받으며 할 수 있는 일이 그리 많을까, 상황이 힘들다고 아무 때나 그만두고 싶다고 그만둘 수 있는 일이 어디 그리 많을까, 아무도 알아주지 않아도 그만 두고 싶어도 할 수밖에 없고 해야만 하는 일들을 우리는 살아가는 동안 얼마나 많이 만나게 되는 것일까 하는 생각이 들었다.

해가 지려고 할 때 공원을 빠져나와 주차장으로 향하며 그 악단의 다음 공연에는 많은 사람들이 모여들어 들어주고 환호해주기를 마음속으로 기원했다. 해맞이 공원에서 본 관객 없는 공원에서 신나는 음악을 연주하는 악단의 서글픔이 대구로 돌아오는 길 내내 마음에 남았다.

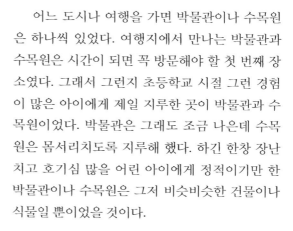

5 수목원
_ 쓰레기를
메운 사람들

어느 도시나 여행을 가면 박물관이나 수목원은 하나씩 있었다. 여행지에서 만나는 박물관과 수목원은 시간이 되면 꼭 방문해야 할 첫 번째 장소였다. 그래서 그런지 초등학교 시절 그런 경험이 많은 아이에게 제일 지루한 곳이 박물관과 수목원이었다. 박물관은 그래도 조금 나은데 수목원은 몸서리치도록 지루해 했다. 하긴 한창 장난치고 호기심 많을 어린 아이에게 정적이기만 한 박물관이나 수목원은 그저 비슷비슷한 건물이나 식물일 뿐이었을 것이다.

대구에서 수목원에 대한 뉴스 보도나 기사를 몇 번 접하였다. 남편과 아이에게 몇 번인가 가자고 했지만 둘 다 전혀 관심을 보이지 않았다. 마침 아이의 특별활동 모임장소가 수목원에서 가까웠다. 일요일이었던 아이의 특별활동 모임날 아이를 내려주고 혼자 수목원으로 향했다.

널찍한 주차장에 차를 세우고 대구 수목원이라는 팻말이 달린 곳으로 걸어 들어갔다. 휴일 아침 시간이 일러서 그런지 사람이 별로 없었다. 여름이 다되어 가고 있었지만 그다지 덥지 않은 날

이었다.

조용한 휴일 아침 일찍 나무들 사이에 파묻힌 수목원을 혼자 걷는 느낌이 너무 상쾌했다. 오랜만에 혼자 나무 사이에 있는 일이 신기하기도 했다. 하긴 미국에서 운동할 때는 거의가 혼자였다. 안전한 동네여서 걸을 수 있긴 하지만 사람이 거의 없었다. 어쩌다 집 앞에서 꽃을 가꾸는 할머니나 할아버지를 가끔 만나긴 했지만 그리고 옆으로 지나가는 차들이 있긴 하지만 걷는 사람은 거의 없었다.

미국에서 돌아오기 전 언젠가부터 운동으로 혼자 걷기를 좋아했다. 안전한 동네라고 확인하고 나서부터는 운동을 한다고 동네를 걷고 동네에서 가까운 공원으로 향했었다. 넓은 잔디밭이 펼쳐진 공원에는 주말이나 행사가 있지 않은 한 항상 사람이 드물었다. 간혹 유모차를 끌고 나온 애기엄마나 학교를 마치고 친구들과 노닥이는 아이들 몇 명이 고작이었다. 오히려 특별한 생일파티나 무슨 일이 있어 사람이 많으면 이상했었다.

그렇게 늘 혼자 걷고 사람을 만나는 일이 드물었는데 근 몇 달 사이에 그런 경험이 거의 없었다. 어딜 가든 사람이 복작거리고 차가 많고 여기저기 아이들이 툭툭 튀어나오고 무엇인가를 사라고 소리를 지르고 생각을 다잡지 않고는 무엇을 하러 어디로 가는지 알 수 없을 정도로 늘 소란함 속에 지낸 것 같았다. 갑자기 조용한 공원에 혼자가 되니 오히려 어색할 정도였다.

입구에서부터 서서히 수목원 안을 둘러보기 시작했다.

여기저기 인공적인 느낌이 들긴 했지만 제법 잘 가꾸어지고 정비되어 있었다. 한 바퀴 돌고 들어간 산림문화전시실을 통해서 기사로만 보았던 쓰레기를 매립하여 수목원을 지었다는 사실을 확인할 수 있었다. 정말 믿어지지 않았다. 그 많은 쓰레기가 묻힌 땅 위에 이렇게 나무들이 자라고 정원이 형성되고 꽃이 피고 각종 새와 벌레들이 날아올 수 있다니 그 아이디어에 감탄할 뿐이었다.

쓰레기를 메우고 그 위에 수목원을 건립하겠다는 아이디어를 낸 사람들의 발상이 정말 대단하다고 감탄하며 전시실을 나오니 수목원 내의 나무나 꽃이 더 새롭게 보였다. 그래서 숨을 더 크게 쉬어 보았다. 혹시 공기 중에 쓰레기 냄새가 나지는 않는지, 하지만 여전히 신선하고 그윽한 나무 냄새가 날 뿐이었다. 그런 면에서 수목원은 대성공이었다.

한참을 걸었다는 생각에 자판기에서 커피를 한 잔 뽑아 분수 앞에 자리를 잡았다.

수목원을 둘러보는 동안 시간이 지나 어느새 한낮이 가까워 오고 있었다. 그래서 그런지 분수주변에는 제법 사람이 많이 모여 있었다. 조금씩 더워지는 공기를 식히려는 듯이 분수가 물을 시원하게 뿜기 시작하자 그 물줄기를 만지려고 뛰어드는 아이들과 아이들 옷 젖을까 걱정되어 그 뒤를 종종걸음으로 따라다니는 젊은 엄마들, 할머니들, 보기만 해도 기분 좋아지는 그런 광경이었다.

하긴 우리가족도 미국가기 전 주말만 되면 조그만 아파트를 답답해하는 아이를 한 살 때부터 교외로 데리고 다녔었다. 아장아장 걷기 시작하던 때부터 막 뛰기 시작하던 두 살. 경기도 광릉수목원은 아이가 가장 좋아하던 곳이었다. 미국에 가서도 숲이 우거진 곳만 가면 그 곳이 생각났다. 아름드리나무가 너무 울창해 햇빛이 보이지 않아 한낮에도 어두컴컴하던 길을 만나면 광릉수목원과 아장아장 걷거나 뛰던 아이의 아기 시절과 그런 아이를 따라 다니느라 늘 종종걸음을 걸었던 한창 젊으셨던 아이의 할머니였던 친정어머니가 그리웠다.

이제는 나보다 더 키가 커버린 아이와 걷는 것도 위태로워 보이는 친정 어머니와 그 세월만큼 나이가 들어버린 나, 모두가 변해버렸다는 생각에 잠시 서글퍼졌다. 분수의 싱그러움과 아이들의 웃음소리, 엄마들의 아이를 부르는 소리가 모두 하나가 되어 과거의 시간 속을 반추하게 만들었다. 그래서 수목원 방문은 단순한 수목원 나들이가 아니라 과거로의 여행을 하는 시간이 되어 버렸다.

과거의 그 어느 때 즈음을 헤매고 있을 때 문자가 왔다. 남편이었다. 일요일인데 점심을 어떻게 할 거냐고? 혼자 수목원에 간다는 이야기를 듣고 일요일 아침의 느긋함을 즐기고 싶어 동행하기 싫었던 남편은 은근히 미안했던 모양이었다. 국수 끓일 물 냄비에 올려 가스 불 켜놓으라는 답 문자를 보내고 주차장으로 향했다. 내게 있어 수목원은 타임머신처럼 과거로의 여행이 가능한 공간이었다.

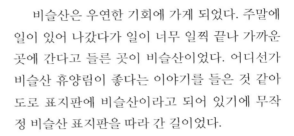

6 비슬산
_ 빨간
마후라의
주인공

비슬산은 우연한 기회에 가게 되었다. 주말에 일이 있어 나갔다가 일이 너무 일찍 끝나 가까운 곳에 간다고 들른 곳이 비슬산이었다. 어디선가 비슬산 휴양림이 좋다는 이야기를 들은 것 같아 도로 표지판에 비슬산이라고 되어 있기에 무작정 비슬산 표지판을 따라 간 길이었다.

도로 곳곳이 막히는데 다행이 그 곳으로 가는 길은 막히지 않았다. 별일 없으면 차만 타면 뒷자리에서 차에서 나오는 음악을 들으며 잠을 자는 아이와 운전대를 잡고 무슨 생각인지에 깊은 생각에 잠긴 남편을 한 번 힐끗거리다가 길 잃을까 도로표지판에 집중하느라 정신이 없었다. 비가 가늘게 흩뿌리다가 멈추고 멈추었는가 싶으면 조금씩 흩뿌려서 그런지 유난히 비슬산 가는 길에는 차도 사람도 없었다.

도로 표지판은 잘 표시가 되어 있다가 꼭 갈림길이나 어디로 가야 할까 결정해야만 할 곳에서는 표시가 사라지고 만다. 차가 많을 때면 대체로 차가 많이 가는 쪽을 따라 가면 되는데 그날은 우리 앞에 차가 한 대도 없었다. 비슬산도 등산로

가 있고 휴양림이 있고 기타 경치가 좋다는 절도 있고 가볼 곳이 많은데 우리가 들어선 길에서는 표지판이 다 사라지고 없었다. 그래서 그냥 길이 있기에 가다 보니 만난 곳이 유치곤 장군 호국기념관이었다. 산을 올라가는 길에 길이 잘 정비 되어 있는데 갑자기 탁 트이면서 작은 비행기가 나타나기에 그냥 주차하고 내린 곳이 유치곤 장군 호국기념관이었다. 사전에 미리 정보를 찾아보고 비슬산에 가려면 어떤 길로 가고 어디를 가보아야 할지 예정을 하고 나섰던 것이 아니라서 그냥 막연히 비슬산 표지판을 따라가다 보니 가게 된 곳이었다.

일단 사람이 없어 좋았다. 한동안 너무 많은 사람들에 지친 것인지 아무리 경치가 좋고 시설이 좋아도 사람이 많으면 소란스럽고 정신이 없어서 구경도 생각도 아무 것도 할 수가 없었다. 너무 조용한 곳에서 오랜 동안 시간을 보낸 후유증 같았다. 산에 둘러싸인 기념관은 가는 비가 간간이 내리는 가운데 운치가 있고 아늑했다.

주차장에서 내려 비행기와 표지판을 보고 그곳이 영화 '빨간 마후라'의 주인공을 기리는 기념관이라는 사실을 알았다.

빨간 마후라라는 영화는 어릴 적에 본 희미한 기억이 났다. 초등학교 때인지 기억이 가물가물한데 당시 텔레비전이 보급된 지 얼마 안 되었을 때였다. 친구 집이나 만화가게에서 만화를 얼마정도 보면 얻게 되는 텔레비전을 볼 수 있는 기회를 얻게 되었는데 그게 그렇게 신기해서 기회만 되면 텔레비전이 보고 싶어 안달을 떨자 아버지가 드디어 텔레비전을 집에 들여 놓으셨다. 주말이었던가, 방학이었던가 잘 생각나지 않지만 밤이 되면 극장에서 상영하고 한참 지나서 텔레비전에서 해주는 영화나 외국영화는 이 세상 그 어느 것보다도 재미있는 것이었다.

그 즈음 빨간마후라를 텔레비전에서 해주었고 아버지와 어머니, 언니, 오빠와 둘러앉아 빨간마후라라는 영화를 보고는 감격에 겨워 노래를 듣고는 그 후 한동안 빨간마후라라는 노래를 흥얼거리고 다녔던 기억이 난다.

아늑한 비슬산 산세를 병풍삼아 자리 잡은 호국기념관은 6.25때 실제로 쓰였던 전투비행기와 빨간마후라 노래비와 유치곤 장군 동상과 비행기 모형으로 만들어진 기념관, 전시물과 역사적인 기록으로 이루어져 있었다.

동상을 둘러보고 들어간 기념관에서는 빨간마후라 주제가가 은은히 흘러나오고 그 노래를 들으며 나는 그 옛날 그 영화를 보던 어린 시절이 생각났다.

방 한가운데 텔레비전을 턱 모셔놓고

그 텔레비전을 중심으로 식구들이 빙 둘러 앉았었다. 아버지 옆의 가장 좋은 자리는 항상 내 자리였다. 턱을 괴고 앉아 영화에 푹 빠져서 영화가 끝날 때 즈음 흘러나오던 주제가에 이유는 기억나지 않지만 눈물을 흘렸던 기억과 그런 나를 놀렸던 어린 시절 오빠들, 동생 놀리지 말라고 오빠들을 혼내던 아버지가 기념관 기념물 위에 오버랩되었다. 나도 모르게 과거의 기억에 빠져 기념물들을 찬찬히 둘러보다 돌아보니 남편은 6.25전쟁 시 상황을 잘 모르는 아이에게 역사적 사실을 알려 주느라 여념이 없었다.

사람이 많지 않아서 꼼꼼히 전시관 내 모든 전시물들을 돌아보고 나와서 노래비 앞에서 아이를 붙잡고 주제가를 불러주었다. "빨간 마후라는 하늘의 사나이, 하늘의 사나이는 빨간 마후라, 빨간 마후라를 목에 두르고 ~~" 신나서 노래를 부르는 나를 보고 아이는 "무슨 노래가 이렇게 단순해" 하면서 킬킬거렸다.

오락가락 하는 가는 비 탓이었는지 산속에 아담하게 자리 잡은 빨간 마후라의 주인공 탓이었는지 차를 타다 돌아보는 비슬산 속에는 텔레비전을 보기 위해 둘러 앉아있었던 내 유년시절과 그리운 우리 가족들의 모습이 있었다.

Ⅵ. 남은 이야기

남은
이야기

　살다보면 이런저런 이유로 사람을 만나고 헤어지게 된다. 새로운 도시에 정착한다는 것, 새로운 생활을 시작한다는 것은 곧 새로운 사람을 만난다는 의미이다. 어렸을 때부터 익히 들어 잘 알고 있고 그저 한번 스쳐 지나가듯이 방문해 보았던 대구라는 도시에 십삼 년이라는 긴 시간동안의 이국생활 끝에 살아보게 되었다.

　잘 아는 것 같았지만 실제로는 전혀 알지 못하는 도시에 전혀 모르는 사람을 만난다는 것은 모험이자 설렘이기도 하다. 그저 그날이 그날인 타성에 젖은 생활이 아니라 어제도 오늘도 전혀 모르는 사람을 만나 관계를 맺고 그들을 알아간다는 것은 스트레스이기도 하고 새로운 세계를 정복하는 듯한 기쁨이 되기도 한다.

　대구에 정착해서 만난 많은 사람들, 좋은 관계에서 만나기도 하고 때로는 언짢은 상황에서 만나기도 했다. 호기심을 갖고 만났다가 실망을 하기도 하고 전혀 아무런 기대도 하지 않았다가 의외로 좋은 만남을 이어간 경우도 있었다. 도시를 결정짓는 요소에는 여러 가지가 있을 것이다.

천혜의 자연환경, 잘 구축된 생활여건, 유구한 역사적 전통 등등이 있을 것이다. 하지만 나는 그 무엇보다도 그런 자연환경과 생활여건, 역사적 전통 속에서 살아가는 사람이야말로 그 도시를 결정짓는 결정적인 요소라고 말하고 싶다. 그러한 여건 속에 건실하게 살아가는 사람이 있어야 그 도시가 도시다운 역할을 하는 것이 아닐까.

대구에 정착하고 앞에서 열거한 사람들 말고도 많은 사람을 만났다. 자동차를 사기 위해 아는 사람 소개로 만났던 자동차 세일즈맨. 처음 미국에 도착하고 며칠 지나 중고차딜러샵에서 만났던 딜러는 서부영화에 나옴직한 모습이라 신뢰가 안 갔던 기억이 난다. 그에 비하면 대구에서 만난 세일즈맨 아저씨는 서비스업이란 이런 것이라는 모범을 보여주는 사례에 해당했다. 우리가 미국에서 생각했던 자동차에 대한 생각을 한국에 맞추도록 기분 좋게 수정을 해주었고 우리의 의견을 존중해주는 듯 하다가는 본인의 생각에 맞추도록 분위기를 이끌어갔다. 전문가의 의견을 존중하는 우리로서는 기분 좋은 방향선회를 했었다. 차를 팔고 나서도 예기치 않은 일로 일어나는 귀찮은 일에 대한 애프터서비스도 잊지 않아 "역시 서비스업에 종사하는 사람"이 맞구나 감탄을 할 만큼 자신의 직업에 충실했던 사람이었다.

그에 비하면 부동산 중개업에 종사하는 중개인 여자 분은 본분에 조금 미치지 못하는 사람이었다. 물론 우리 아파트 단지가 인기가 많아 물량이 부족하고 항상 사람들이 대기하는 단지라는 점을 감안한다 해도 언제나 무표정한 얼굴과 퉁명스러운 말투는 사근사근한 감칠맛 나는 사투리를 구사하는 대구 여자들에 대한 인식을 바꾸게 하는 사람이었다. 물론 말투만 다정하고 행동은 반대인 사람보다 말투나 표정은 다정하지 않아도 행동은 확실한 사람에게 신뢰가 가지만 말투나 행동 그 어느 하나도 상대방에 대한 배려를 하지 않는 서비스업 종사자는 아무리 내가 별 영양가 없는 소비자라고 해도 당사자의 미래를 위해서라도 본분을 다시 한 번 생각해봐야 한다는 생각이 들었다.

미국에서 몇 번 병원에 갈 기회가 있었다. 아이가 어릴때는 아파서 자주 병원에 드나들었고 그 후에는 나의 예기치 않은 질병이나 정기검진으로 여러 명의 의사를 만났었다. 물론 신뢰가 안 가는 사람도 간혹은 있었지만 대체로 필요 이상으로 사람을 안심시키고 편하게 해주는 사람들이었다. 처음에는 의사를 만난다는 부담이 컸지만 만날수록 그 의사의 말대로 하면 모든 질병이 문제가 없이 나을 거라는 전폭적인 신뢰가 가게 되는 사람들이었다.

경북대 병원을 방문했을 때는 기분이 묘했다. 고풍연한 건물의 비좁고 낡은 모습에서 일제강점기의 기운이 느껴졌지만 그 때문에 역사적인 전통이라는 신뢰를 더하게 되었다. 거기다 나의 외삼촌이 육칠십 년 전에 여기서 배우고 진료했었으리라는 생각에 감회가 남달랐다.

예약시간에 맞추어 가면 얼마 안 기다려 현대식의 아늑한 진료실에 안내되어 은은한 클래식 음악을 들으며 의학 관련 잡지책을 보며 의사를 기다리던 미국과 달리 예약을 하고도 복도에 기다랗게 줄지어 늘어선 나무로 된 불편한 의자에 한참을 기다려서야 겨우 앞뒤에 환자로 가득한 사생활보호가 전혀 되지 않는 비좁은 진료실에서 의사를 만나는 것은 불편한 경험인 것은 확실했다. 하지만 나직한 목소리로 관심을 보이며 의학적 진단을 하는 의사는 미국에 못지않은 신뢰를 주었다. 물론 주변 환경이나 시간제약상 친분이나 편안함은 제공하지 못했지만 의사라는 직업이 주는 본분에 가장 충실한 역할에는 차이가 없었다.

그리고 대구역 지나 굴다리 주변, 이제는 명맥만 유지하는 수준의 헌책방거리 헌책방에서 만났던 친절한 책방주인 할아버지 역시 기억에 남는 사람이다. 아이가 학교에서 어느 정도 자리를 잡아가자 책을 많이 읽게 하는 것이 한글 실력을 증진시키는 지름길이라고 생각하게 되었다. 미국에서 친정언니에게 부탁해 아이에게 맞는 한국 개화기 때의 소설이나 근대 소설을 우편으로 받아서 읽혔다. 문고판이 아닌 경우 책이 너무 비쌌다.

사실 우리가 클 때 집에 다 있었던 책인데, 아버지가 세트로 사주어 책장을 장식하던 한국문학전집들이 눈에 아른아른했다. 이사를 다니느라 어디론가 다 사라지고 남편 역시 집에서 전부 봤던 책인데 이사 후 다 어딘가에 기증하여 없다고 했다.

대구로 돌아와 집주변 헌책방을 뒤져 보았다. 헌책방에는 대부분이 참고서가 주류를 이루고 만화나 수험서형식의 요약판 소설집이 고작이었다. 그래서 인터넷 검색을 통하여 헌책방거리를 찾아내고 가보았다. 한때는 꽤 번창했던 헌책방거리라고 하는데 이제는 문 닫은 집 몇몇 곳을 제외하고는 대여섯 집 정도가 명맥을 유지하고 있었다. 한 군데는 문을 열고 들어가니 책이 제법 있었지만 나의 출연에 주인아저씨가 전혀 관심을 두지 않았다. 좁은 공간에 산처럼 책을 쌓아두고 찾는 책 있으면 재주껏 찾아가라는 식이었다. 도저히 찾을 수 없어 몇 개를 보다가는 나왔다. 옆집에 들어가니 장소는 무척 좁은데 할아버지가 아주 친절했다. 내가 어떤 책이 필요하다는 말을 하자 기다려 보라더니 사다리를 들고 여기저기 쑤시고 다니더니 신기하게도 내가 생각했던 책들을 척척 찾아 주었다.

예전에 집 서가에 꽂혔던 모습이 눈에 선한 그런 책들을 그 헌책방 서가에서 다시 발견할 수 있었다. 반가운 마음에 이책 저책 골라 들고 보니 너무 무거웠다. 할아버지는 행여나 쇼핑백이 터질까 걱정하시며 몇 번이나 싸주며 내가 묻는 버스정거장까지 가르쳐 주시는 친절을 잊지 않으셨다. 그 후에도 두세 번 그 헌책방을 다시 방문했었다. 할아버지는 용케도 나를 기억하시고 내가 원하는 책을 찾아 주시려 동분서주하셨다. 그런 할아버지를 만나는 기쁨도, 예전 서가에 꽂혔던 책을 아이에게 읽히려 찾아다니다 다시 만난 책도 모두 그 헌책방을 방문하는 즐거움이었다.

사소한 일, 사소한 대화에서 때로는 감정이 상하기도 하고 때로는 깊게 감명을 받기도 한다. 너무 외롭게 살았던 탓일까, 아는 사람이 너무 없어서였을까, 낯선 도시에서 만난 낯선 사람의 뜻하지 않은 친절은 말로 표현할 수 없을 만큼 마음에 여운을 남기며 두고두고 기억하게 된다. 그럴 때마다 나의 사소한 행동, 사소한 말 한마디가 남에게 비수도 되고 감동도 될 수 있다는 생각에 다시 한 번 나 자신을 돌아보게 한다. 사람에게 받은 상처는 사람을 통해서 치유된다는 평범한 진리가 낯선 도시 낯선 사람을 만날 때마다 상기하게 되는 이유이기 때문이다.

VII. 책을 마치면서...

책을
마치면서
…

대구라는 도시가 다른 도시와 차별화되기 위해서 또는 대구하면 떠올리는 바람직한 모습을 형성하려면 어떻게 해야할까?

친환경적 자연환경을 가꾸고 관광자원을 개발하고 다른 도시와 차별화할 특화된 상품을 개발하여 한다는 교과서적인 대답을 할 수 있을 것이다. 하지만 나라면 그 무엇보다도 대구라는 도시 속에, 대구 경북이라는 지역에 사는 사람들이 행복해지고 그런 사람들이 그 행복에 겨운 생활의 활력을 뿜어내어 그들을 만나는 사람들이 그걸 몸소 느낄 수 있게 되는 것이다라고 말할 것이다.

한 도시, 지역에 사는 사람들이 행복해지려면 그 사람들이 원하는 방향으로 도시를 발전시키고 그 발전을 통해서 사람들의 행복이 배가 되어 그 도시를 방문하는 사람이나 이주해오는 사람들조차 그 기운에 감염되어 행복해지는 그런 도시를 꿈꿔야 한다고 생각한다.

전통적인 건물과 전통적인 생활방식을 저해하지 않으면서 편리함과 합리적인 변화를 추구하고 그들의 복지를 증진시킬 수 있는 방향이 되어야 한다고 생각한다. 그래서 내가 살던 아파트 단지 앞 재래시장 노점에서 만났던 노점상 할머니, 아주머니들이 눈살을 찌푸리지 않고 평화롭게 장사를 할 수 있는 시장이 되어야 한다. 그런 할머니에게 물건을 사며 덕담을 나누고 요리법을 전수받을 수 있는 그런 시장이 되고 경제적으로 어려운 공립학교 선생님들에게 더 많은 기회를 제공하여 그 선생님들이 어려운 아이들에게 지금보다 더 많은 사랑을 베풀 수 있는 그런 학교가 되어야 하고 유명관광지라고 하여 다시 안볼 사람들처럼 근시안적인 상거래를 할 것이 아니라 단 한순간이라도 스쳐가는 사람조차 마음 흐뭇해지는 그런 관광지가 되어야 한다.

이 모든 소망들이 너무 꿈 같은 것들일까?

하지만 나는 대단한 관광자원도 그렇다고 다른 도시와 특별히 차별화해서 내세울 것도 없는 대구, 경북에서는 결국 사람으로 승부해야 한다고 생각한다. 그 지역에 사는 사람들이 행복해서 그런 사람들을 만나는 것만으로도 행복해지는 그런 도시와 지역을 만드는 것이 바로 대구, 경북 지역을 이끌어 가는 사람들이 지향해야 할 바라고 생각한다.

도시나 지역을 결정짓는 가장 중요한 요소는 그 곳에 사는 사람이다. 그런 면에서 내가 대구에서 만난 사람은 대구라는 도시를, 경북이라는 지역을 따뜻한 마음으로 생각하게 하는 그런 사람들이다.

김영원

▌약 력

이화여자대학교 법학과 및 동대학원 졸업
서울신탁은행(현 하나은행)법률조사실 근무
한국소비자원 정책연구부 연구원 역임
미주클릭베이뉴스공모 단편소설 당선
미주클릭베이뉴스 칼럼 연재
미주중앙일보공모 논픽션 대상 수상
한국무역협회공모 수필부문 수상
미주문인협회 문인

대구에서 만난 사람들

초판인쇄 | 2009년 12월 14일
초판발행 | 2009년 12월 14일

지은이 | 김영원
펴낸이 | 채종준
펴낸곳 | 한국학술정보㈜
경기도 파주시 교하읍 문발리 526-2 파주출판문화정보산업단지
전   화 | 031)908-3181(대표)
팩   스 | 031)908-3189
홈페이지 | http://www.kstudy.com

등   록 | 제일산-115호(2000.6.19)
가   격 | 14,000원

ISBN 978-89-268-0629-6 03980 (Paper Book)
      978-89-268-0630-2 08980 (E-Book)